U0217073

地球小卫士

给孩子的第一本
环保百科书

［英］克莱夫·吉福德／著　［英］乔纳森·伍德沃德／绘

何守源／译

中国纺织出版社有限公司

原文书名：Guardians of the Planet
原作者名：Clive Gifford Jonathan Woodward

著作权合同登记号：图字：01-2019-7926

图书在版编目（CIP）数据

地球小卫士 ： 给孩子的第一本环保百科书 / （英）克莱夫·吉福德著 ；（英）乔纳森·伍德沃德绘 ； 何守源译 . -- 北京 ： 中国纺织出版社有限公司， 2020.6
书名原文：Guardians of the Planet
ISBN 978-7-5180-7441-9

Ⅰ. ①地… Ⅱ. ①克… ②乔… ③何… Ⅲ. ①环境保护—儿童读物 Ⅳ. ① X-49

中国版本图书馆 CIP 数据核字（2020）第 083507 号

责任编辑：张 宏　　责任校对：韩雪丽　　责任印制：储志伟

中国纺织出版社有限公司出版发行
地址：北京市朝阳区百子湾东里 A407 号楼　邮政编码：100124
销售电话：010—67004422　传真：010—87155801
官方微博 http://weibo.com/2119887771
http://www.c-textilep.com
北京华联印刷有限公司印刷　各地新华书店经销
2020 年 6 月第 1 版第 1 次印刷
开本：787×1092　1/16　印张：8
字数：113 千字　定价：98.00 元

凡购本书，如有缺页、倒页、脱页，由本社图书营销中心调换

目 录

写在最前面的话

天文学家认为，宇宙中与地球类似的行星有200垓个左右(20000000000000000000000)。尽管人类在探索发现的路上坚持不懈地走了几千年，但目前还没有发现地球之外的行星上存在生命活动的迹象。从小到只有借助显微镜才能观察清楚的阿米巴虫，到扬起头差不多有3层楼高的长颈鹿；从人类的近亲、孔武有力的大猩猩，到披一身黑白条纹装奔驰在非洲草原上的斑马，异彩纷呈、奇幻莫测的大自然是地球特有的风景。

但是近年来地球正在面临着巨大的挑战。蔚蓝的大海上漂浮着大片大片的白色物体，那是海洋生命的杀手：塑料。空气污染也愈演愈烈，很多地方烟尘弥漫，终年看不到太阳。物种灭绝的惨剧几乎每天都在上演。这一切并不是遥不可及的未来或者枯燥的说教，而是发生在我们身边的赤裸裸的现实。全球气候变暖的恶劣影响，大家有目共睹。

局面似乎难以逆转，但是曙光恰恰在这个时候，在世界各地不断涌现。不少杰出人士站了出来，为拯救我们美丽的星球奔走呼号；亿万民众也开始觉醒，不分年龄性别，不分社会阶层，共同投身到拯救美好家园的行动之中。拥有一流维权律师、科学家、专家团队的ClientEarth（欧洲环保协会），就是新形势下应运而生，且自成立以来取得不凡战绩的国际环保组织之一。ClientEarth已经运用法律武器带给了地球一些持久的改变。

“运用法律武器”意味着除了敦促和协助政府制定合乎现实需求的法律条款，使土地利用、垃圾处理、新能源开发更加高效合理之外，还要维护现行法规的尊严，将所有行为失当的组织和个人绳之于法。从大气污染的处理、森林与海洋生态建设到野生动植物资源的保护，法律都是无可替代的利器。由此可见，ClientEarth 基金会堪称法律意义上的大自然守护者。读完本书，你也会意识到守护我们赖以生存和发展的环境不仅必要，而且已到了刻不容缓的地步。相信你也能成为环境保护大军中的一员。

守护地球的任务很艰巨，仅凭个人努力很难奏效。但是别忘了你还有同学、朋友、家人，全世界各个角落都有你的同路人。把大家的力量凝聚起来，我们都可以成为地球卫士。

地球的命运就掌握在我们的手中。参考本书中列举的一些建议积极行动起来，你不仅能给生活在我们周围的每个人、每只动物、每株植物带来美好的生活，更能为整个世界缔造光明的未来。值得庆幸的是，我们能与你携手并肩，为清新的空气而战、为欣欣向荣的大地而战、为烟波浩渺的江河湖海而战。只要大家同心协力，我们的星球一定能回归健康，再次成为风光美丽、生命繁衍不息的乐园。

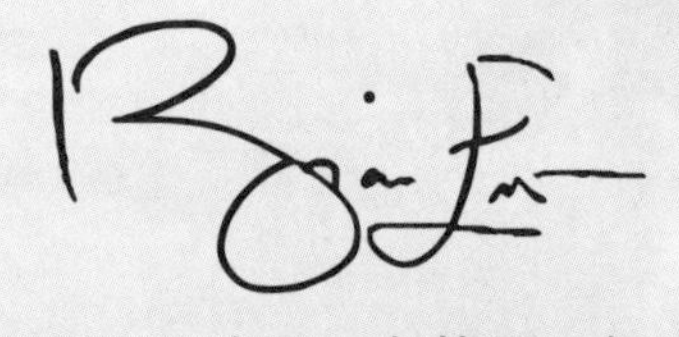

（英国著名歌手，布莱恩·伊诺）

做一名地球小卫士

我们生活的地球已经存在45亿年以上了。尽管时不时遭遇流星的暴击，远古时代还要天天承受恐龙等巨无霸动物的踩踏，以及几乎一度被覆盖整个表面的冰川的压榨，但我们的地球都挺了过来，并且依然生机勃发。然而，我们的地球现在遇上了大麻烦，迫切需要人类行动起来，刻不容缓。

本书提供了不少适合团队和个人践行的环保方案和建议，有助于改善生态环境，使我们的天空更蓝，大地更绿，更适合人类居住并能造福子孙后代。独木不成林，一个人的力量更拯救不了地球。不过聚沙成塔，只要你树立牢固的环保意识，在家庭、学校、社区，随时随地倡导和实践自己的环保理念，那么整个世界都会因你而变。

当阅读完本书最后一页的时候，做一名合格的“地球小卫士”需要的知识和技能，你已经全部具备。

做一名义务小宣传员，向你的家人、朋友、邻居、同学传播环保观念，让他们深刻意识到地球的生态环境急需保护，并在你的感召之下做一些力所能及的工作。只要大家都行动起来，我们生活的地球一定会成为美丽的家园。

家庭环保小英雄

人类是地球上最大的垃圾制造者。仅仅美国一个国家，每年产生的垃圾就多达2亿吨——相当于604座帝国大厦的重量。

野生动物守护者

栖息地缩减、气候变化、环境污染给野生动物带来灭顶之灾。如果这一势头得不到有效遏制，未来20年将有超过1/3的鱼类、鸟类、哺乳类动物彻底灭绝。

地球为什么需要我们拯救？

我们生活的地球多灾多难，地震、火山喷发等都是自然灾害，既不是我们引发的，我们也无力控制。但是随着全球生态环境的恶化，很多问题都源自人口的爆炸性增长。我们的星球在负重前行，需要大家伸出援手。本书着眼于人力可以干预的 7 大环保领域，这也是我们大家现在和将来努力的方向。

绿色能源倡导者

随着全球气候变暖的节奏逐步加快，南、北极冰盖正在一天天萎缩，高寒地区的永久冻土也正在融化，许多高山终年戴在头顶的洁白雪冠也将消失。据美国航空航天局估算，地球上每年消失的冰原面积，加起来足有比利时的领土那么大。

杜绝食物浪费

消费需求的不断增长是人类和大自然中的其他生灵共同面对的难题。由于食物短缺，地球上的不毛之地已经扩张了足有几百万平方千米。

保护生命之源——淡水

全世界每 9 个人中，就有超过 1 个人享用不到清洁的淡水。水源污染导致的疾病，每年夺去大约 50 万人的生命。

海洋守卫队员

我们的海洋正在经受环境污染的严重威胁。仅仅人类随手遗弃的塑料制品，每年就会杀死多达 100 万只海鸟、10 万只海洋哺乳动物。

做森林的朋友

1990 年至今，全世界已有超过 130 万平方公里的森林被砍伐殆尽或者焚毁，相当于南非的国土总面积。

命运共同体

我们的星球上存在的一切，相互间有着千丝万缕的联系。无论在哪里，你做过的好事、坏事，都会对全球生态产生巨大的影响。在着手实施拯救世界的计划之前，我们首先需要学习一些生命科学知识，牢固树立大自然中各个物种相互依存、绝非孤立存在的意识，进而理解人类的行为对维护地球脆弱的生物链安全有着怎样的意义。

远距离污染

在地球家园里，任何物种的繁衍生息都离不开自然环境和生态系统。地表的水蒸发后散入空气中，随风飘向远方再汇聚成云，形成雨滴或者雪花降落到其他地方。如果水从蒸发到降落的漫长旅程中受到污染，那么就会对降落地造成深重的环境灾难。

雨雪积聚成溪，小溪汇入大河，而绝大部分江河最终都会奔流到大海。这就意味着一个地方的生态环境遭受破坏，污染源往往远在千里之外。2017 年间，科学家就曾在杳无人迹的北冰洋水域发现了大堆漂浮在洋面上的聚苯乙烯。

“生态系统”指特定地域空间内各类生物与生存环境构成的统一体。

“生态学”是一门研究生物群落个体互动以及环境影响的学科。

环境的贸易关联

古代社会经济落后，交通闭塞，人类日常需求全部就地获取。再看看我们现在的生活，海、陆、空运线路四通八达，每天运送的货物何止亿万吨。就在最近短短的70年间，全世界人口数量连翻3番，食物及各类用品需求的增长幅度更是惊人。一个地方的需求，完全有可能导致另一个地方生态环境的严重破坏。例如，欧洲用纸量增加，作为造纸原料的木材就会被大量砍伐；但是欧洲本地产量有限，远在万里之外的南美洲亚马孙热带雨林就遭了殃。乱砍乱伐的结果，就是原生动物丧失栖息地，生存危机愈演愈烈。

食物链

处在同一生态系统中的生物在生活习性上有天然的相关性，实现生物个体间能量传递的“食物链”，就是这种内在联系的表现之一。生命活动离不开能量，获得能量唯一有效的方式就是“摄取食物”。按照食物来源渠道的差异，自然界的生物共分为“生产者”和“消费者”两大类：生产者如植物，将没有生命的物质合成食物，而消费者如动物等，只能通过猎食生物满足自身的营养需求。

绝大多数消费者的“食谱”不限于一种植物或动物，因此“食物链”本身就是一张错综复杂的交织网络。如果其中的一个环节断裂，食物链必然整体受损。例如，滥用杀虫剂的结果就是昆虫数量的大幅减少甚至消亡，食虫动物如鸟类、青蛙以及哺乳动物等也将面临食物短缺、中毒死亡等严重问题。

第一章

家庭环保小英雄

对于我们每一个人来说，世间再没有比家庭更重要更美好的地方了。然而家庭也是地球上最主要的垃圾制造场所之一。千里之行，始于足下，要想成为一名称职的地球小卫士，家庭就是你最好的演练场。

堆积如山的生活垃圾

发达国家的人民物质丰富，日常生活中产生的废弃物品之多，更是触目惊心。美国人平均每天制造 2 千克左右的垃圾，这意味着一个普通的 5 口之家，每年向地球投放 3.6 吨的污染物。贫穷落后的国家，奢侈浪费的现象没有那么严重。例如哥伦比亚人均垃圾日产量是 620 克，而加纳更少，只有 90 克左右。

可怕的浪费！

“废弃物品”是对生活垃圾最好的定义，因为这些东西原本是厂商设计和制造出来，供人们消费的可用产品。垃圾不仅消耗原材料，还凭空给社会增加了不小的处理负担，城市街头司空见惯的垃圾车，就是处理垃圾的工具之一。全世界的垃圾车加到一起，能消耗好几万吨的燃料。而垃圾车排出的尾气，又是自然界的一大污染源。

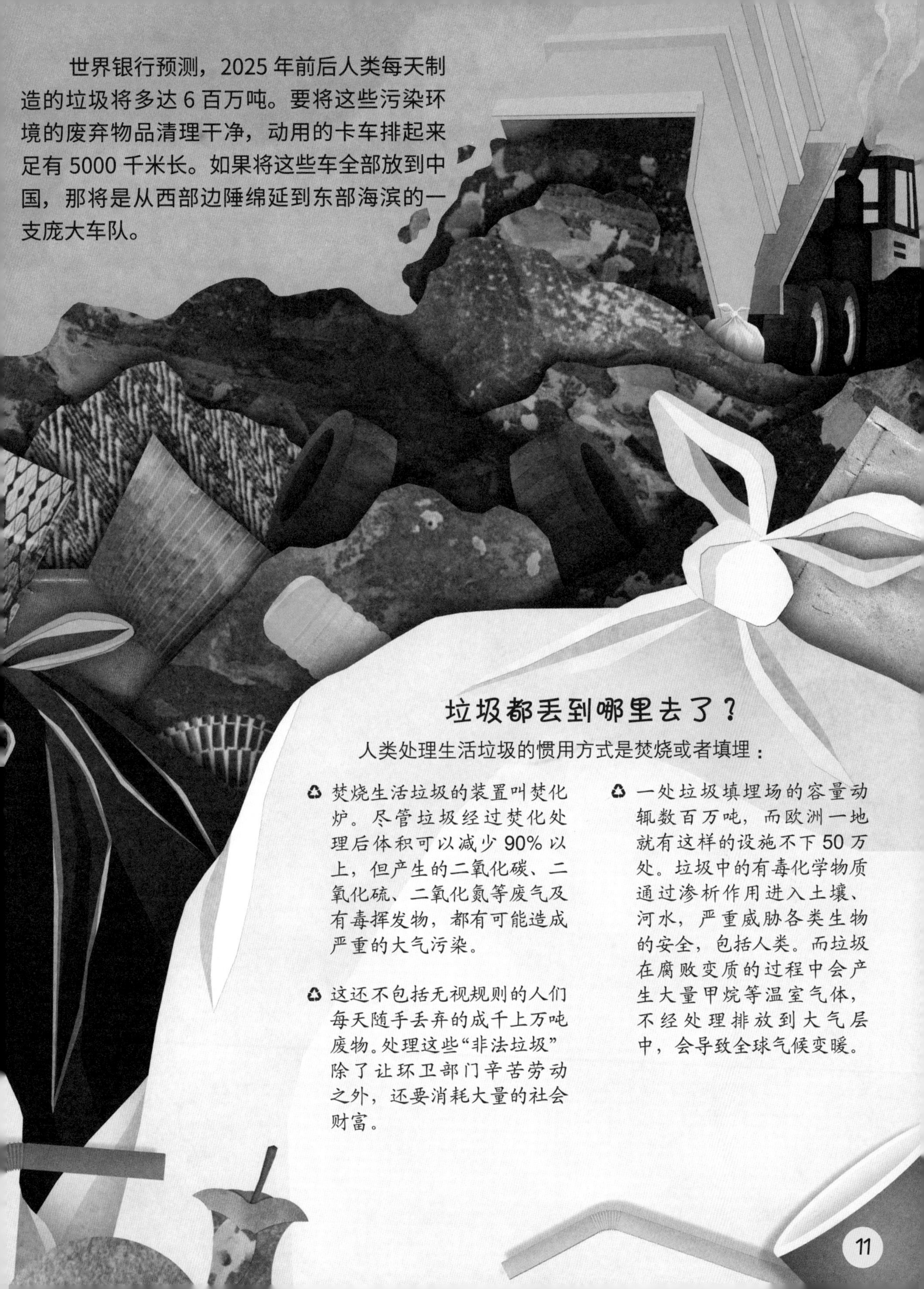

世界银行预测，2025 年前后人类每天制造的垃圾将多达 6 百万吨。要将这些污染环境的废弃物品清理干净，动用的卡车排起来足有 5000 千米长。如果将这些车全部放到中国，那将是从西部边陲绵延到东部海滨的一支庞大车队。

垃圾都丢到哪里去了？

人类处理生活垃圾的惯用方式是焚烧或者填埋：

- ♻ 焚烧生活垃圾的装置叫焚化炉。尽管垃圾经过焚化处理后体积可以减少 90% 以上，但产生的二氧化碳、二氧化硫、二氧化氮等废气及有毒挥发物，都有可能造成严重的大气污染。
- ♻ 这还不包括无视规则的人们每天随手丢弃的成千上万吨废物。处理这些“非法垃圾”除了让环卫部门辛苦劳动之外，还要消耗大量的社会财富。
- ♻ 一处垃圾填埋场的容量动辄数百万吨，而欧洲一地就有这样的设施不下 50 万处。垃圾中的有毒化学物质通过渗析作用进入土壤、河水，严重威胁各类生物的安全，包括人类。而垃圾在腐败变质的过程中会产生大量甲烷等温室气体，不经处理排放到大气层中，会导致全球气候变暖。

摇旗呐喊

到了发起“小卫士行动”的时候了！作为“家庭环保小英雄”，你的当务之急是向身边的亲友宣讲环境保护知识。如果他们不认可你的说法，那么你可以陈述下列事实，使他们信服。

填埋垃圾，遗留祸患

填埋废弃物品并不能从根本上消除环境污染的问题，垃圾自身携带、滋生的有害物质可以传播很远，殃及土壤、空气、江河湖海，就连地下水源也不能幸免。可燃性气体的大量蓄积和泄漏，还会引发可怕的火灾。统计资料显示，仅美国一地，垃圾填埋场每年发生的火灾就有 8000 余起。

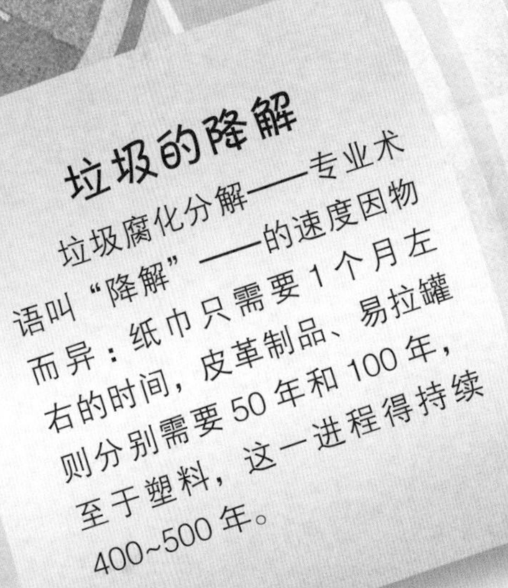

垃圾的降解

垃圾腐化分解——专业术语叫“降解”——的速度因物而异：纸巾只需要 1 个月左右的时间，皮革制品、易拉罐则分别需要 50 年和 100 年，至于塑料，这一进程得持续 400~500 年。

相对贫穷落后的发展中国家成为发达国家的垃圾堆集地，人们的生存空间正在被垃圾一点点吞噬。成千上万的孩子整天与垃圾为伍，在破碎的玻璃片、金属边角料和有害健康的废料间玩耍。同样有成千上万的穷人为了生活不得不翻捡垃圾、从中搜寻一星半点可以变卖的东西补贴家用。

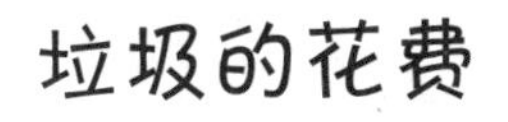

到 2025 年，全世界单单为处理垃圾一项付出的费用，预计会飚升到 375 亿美元（约合 2643 亿人民币）。这些钱原本可以用来发展福利事业，修建成千上百所医院或学校。

堆积如山

统计资料显示，2016 年人类平均每天制造 550 万吨固体垃圾。而最可怕的是，浪费之风正愈演愈烈。根据环保部门的估算，2100 年人类的垃圾制造量将增加到每天 1200 万吨，翻了不止一番。

向垃圾宣战

我们能少制造一些垃圾吗?答案是：能!但这需要全世界人民同心协力，做出坚持不懈的努力。这也是你必须积极投身到环保大潮之中的理由。

“3R”战略

左图为“环保金字塔”，从顶端到底部依次展示人类向垃圾宣战的最优与最劣策略：上部 3 层对应的英语单词第一个字母都是“R”，所以简称“3R”战略。要做地球小卫士，首先必须清楚这一战略。

节省（REDUCE）

生活中尽量做到“节省”，少购置日常用品并有意识地杜绝重复购买行为。严于律己，并奉劝周围的人奉行这一原则，你就是 A+ 级别的“家庭环保小英雄”。

再利用（REUSE）

衣不求新，物不厌旧。家里的东西不管新旧，只要合用就不要舍弃。少丢一点物品看似微不足道，如果大家都这么做的话世界上就会少许多垃圾填埋坑。

废品回收（RECYCLE）

垃圾回收后经过再加工变成有用的东西，这是拯救地球最行之有效的办法之一。但回收利用废物并不容易，需要消耗人力、物力资源和宝贵的能源。

填埋处理（DISPOSE）

作为一名“家庭环保小英雄”，你应该努力做到“物尽其用”。只有完全丧失使用价值的物品，才可以当作垃圾处理掉。

敢对自己说“不”！

环保行动很简单：先从每天减少一点你自己制造的垃圾做起。看到商场里摆放的琳琅满目的商品，虽然控制购买欲望很困难，但在掏出钱包以前，你不妨先问自己一些问题……

这东西我真的非要不可吗？

3个月以后，我会不会还需要这件东西？

我们家到底有没有这种东西或者替代用品？修一修能凑合着用也行。

我能不能找到二手货？

我就用那么一阵子用得着自己购买吗？能不能从亲戚朋友那里借来用一下？

一次一次又一次的使用

你还可以拒绝一次性产品，尽量选购经久耐用、出了问题也可以维修的日用品，不到万不得已的时候绝不添置新品。物品用得久，垃圾产生少。

- ♻ 一次性电池电量耗尽后就得丢弃，全世界的废电池数量加起来是几亿几十亿的天文数字。换用可充电类型的电池，现在这类产品的充电次数都可以达到1000次。
- ♻ 多用可洗涤可重复使用的布料，少用一次性纸巾等。
- ♻ 打印墨盒、硒鼓等耗材往往可以加墨、加粉，不要当作一次性产品用完就扔。
- ♻ 感觉自己的电脑运行起来慢如蜗牛，先别急着更新换代。找技术人员加装内存、硬盘等并对软件做一些优化工作，开支不大但效果十分明显，关键是又少了一条垃圾来源渠道。
- ♻ 要扎实做好回收再利用的工作，这才是一个开头，更精彩的内容还在后面。

勤于修补和一物多用

在你将手中的物品抛进垃圾桶之前，先问自己一个至关重要的问题：这东西还可以修补，或者挪作它用吗?发挥你的聪明才智吧。修理废旧物品不仅有利环保，修理的过程本身也非常有趣。没有经验?不要紧，万事开头难，做好下面几件事，就有了一个良好的开端。

开一家“修修补补小茶馆”

没有太多资源可供挥霍的古人，对来之不易的家中物品都非常珍惜，不到无可修补的地步是不会轻易替换的。2009 年，荷兰诞生了第一家“修补咖啡馆”，此后类似的设施如雨后春笋一般在世界各地涌现出来。四邻八乡的人聚到一起，相互协助、相互支持，缝补衣服、修理自行车、维护手机电脑，不仅使问题产品起死回生，参与者还学到了重要的生活技能。上网搜索本地资源，看看附近有没有类似的机构，踊跃参与他们的活动。如果有条件也可以自行组建类似的“小茶馆”，邀请手艺出众的技术达人充当顾问，备一杯茶、几样小吃，就可以改变我们的生存环境。

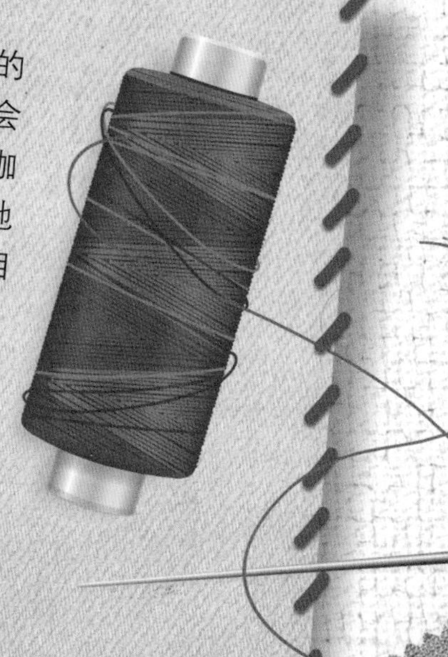

举办节庆活动造成的浪费触目惊心。当你收到亲友赠送的礼物时，小心开启包装盒、袋，收拾齐整后存放起来，当你需要送礼物时可以再次拿出来使用。贺卡也可以再利用：修剪一下，装饰一番，你可以用“废物”制作出漂亮的新贺卡。

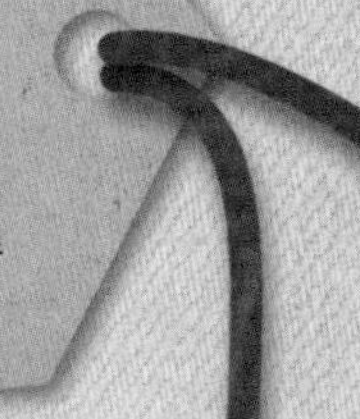

简单的缝缝补补

喜新厌旧、追逐时尚，这是绝大多数人的穿衣习惯。其实衣不在新而在于洁，只要掌握一点小技巧，自己的衣服出了问题及时缝补，你照样能做到衣着光鲜，并且还能节省不少钱。

♻ 纽扣、拉链出了问题，随时更换。

♻ 旧裤子太短，放开一部分裤脚封边并洗烫平整。

♻ 边缘磨损严重的牛仔裤，剪掉裤腿当短裤穿。

♻ T恤开缝，缭几针就能恢复如初。

♻ 衣服上出现小洞、小污渍，补缀一块装饰品，是不是锦上添花？

一物多用，减少浪费

只要善于动脑动手，许多用过的东西还可以派上另外的用场。果酱罐、牛奶箱，就是天然的收纳装置；装过茶叶、奶粉的铁盒，出门旅游盛放洗漱用品再合适不过。只要树立正确的观念，过去看着碍眼、放着挡路的东西，稍微加工改装一下就能有无穷的妙用……

♻ 狭长型的饮料盒等剪去上半部，报刊杂志、纸张作业本便都有了去处。如果再在正面裱糊一些图片，效果不比办公文件盒差。

♻ 装过咖啡、茶叶、奶粉的锡盒、铁皮罐等，裁去顶盖养绿植，会让你的家居环境生机盎然。

♻ 糖纸、小食品袋自然降解需要上百年的时间，随便丢弃会造成严重的环境污染。平时将这些东西积攒下来，一旦举办家庭派对，可以折叠出美妙的造型再串挂起来，足以营造喜庆气氛。

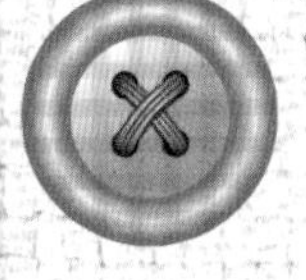

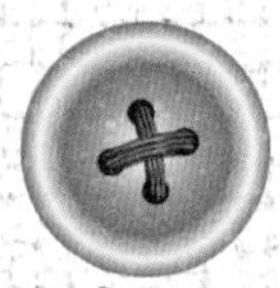

如果你实在想不出手头的东西还有什么用，先不要急着丢弃，捐给慈善机构。你眼中的废物，别人也许求之不得。查找当地慈善机构，给用不到的衣物、电脑、手机、自行车一个发挥余热的机会。

买卖和交换二手货

认为二手货交易档次太低?你的观念得好好转换一下了!到附近的旧货市场转转，登录二手货交易电商平台，那琳琅满目的商品、低廉实惠的价格，保证让你耳目一新!给用过的东西一条新的出路，就是给我们的地球一丝喘息之机。

保藏有用资源

勇于购买二手货是“家庭环保小英雄”最高尚的举动之一。一件T恤衫消耗的棉花，需要2700升水浇灌。这还仅仅是种植环节的资源消耗，不包括整个加工制作和运输过程中产生的追加成本。舍弃看上去成色还不错的二手货，却热衷于花高价购买新品，这样的消费行为算得上理智吗?

如果你的手里积攒了大量穿过的衣服、用过的玩具，不妨自行组织一场义卖活动。街头巷尾摆个地摊，让你眼中的“废物”找到最好的归宿。再将义卖所得捐给慈善机构，哪怕钱很少，也算得上一件善事。

双赢之道

购买二手货的另一大好处是：你的钱不会流入资本大亨的腰包，而是接济了许多跟你一样的普通人。如果出售方是慈善机构，许多穷人会因此免于饥寒。树立良好的习惯，家里有闲置物就拿出来交给当地的相关机构，做一名小小慈善家。

交换总比丢弃好

减少浪费的另一途径是：把你不喜欢穿的衣服、玩腻的玩具拿出来跟同学们交换。事前找个可靠的成年人做你们的监督者和见证人，尽量保证交易公平，避免可能产生的争端。零零星星的物件交换也可，参加校园跳蚤市场也可，总之用“废物”换“宝贝”，是你一条“致富之道”。

网上分享

网上也有一些售卖二手闲置用品的平台，可以在父母的帮助下学习使用，这样也能让你用过的东西免遭被送进机械化炉、填进垃圾坑的命运。

不要小看二手货市场，你在这里能挑到潮款服装、绝版图书、过期杂志、早已下架的玩具和游戏光碟，等等。

回收利用

并非所有的人都能给自己的每样东西找到新的用途。回收，就是让你身边的废物起死回生的好办法，把旧的东西做成新的东西，这样不仅能减轻社会的垃圾处理负担、遏制环境污染，还能节约宝贵的自然资源。

重大节约措施

回收利用有重大社会意义，但还不是万全之策，所以在“环保金字塔”中仅仅占据第二的位置（参见本书第 18 页），废品的回收、再生是一项庞大的社会工程，垃圾的运输、分拣、加工都需要消耗大量的人力物力资源。

但回收利用的成本低于新制，这一点毋庸置疑。例如加工废铝的耗电量仅为冶炼矿石制铝锭的 5%，塑料回收的社会效益更加明显。绝大部分塑料产品的制作原料是石油，回收 1 吨废品可以节省 2600 升原油、数千度电，还能减少大约 1.5 吨的碳排放。

玻璃不会生物降解，但它可以一次又一次地循环利用。2017 年，欧盟回收了超过 250 亿个玻璃容器。这相当于每人回收了 49 个。

国别差异

虽然垃圾回收利用利国利民，但各个国家实施相关举措的力度大不一样，可利用资源被浪费的情况还很严重。这方面走在世界前列的是德国：2017 年固体垃圾的回收率达到 60%；而同为发达国家的美国的回收率为 30% 多，希腊、以色列为 20%，发展中国家墨西哥只有区区 5% 不到。无论你是哪个国家的公民，有一点可以肯定：我们都有能力做一些废品回收利用方面的工作，为共同捍卫地球家园的生态环境做出自己的贡献。

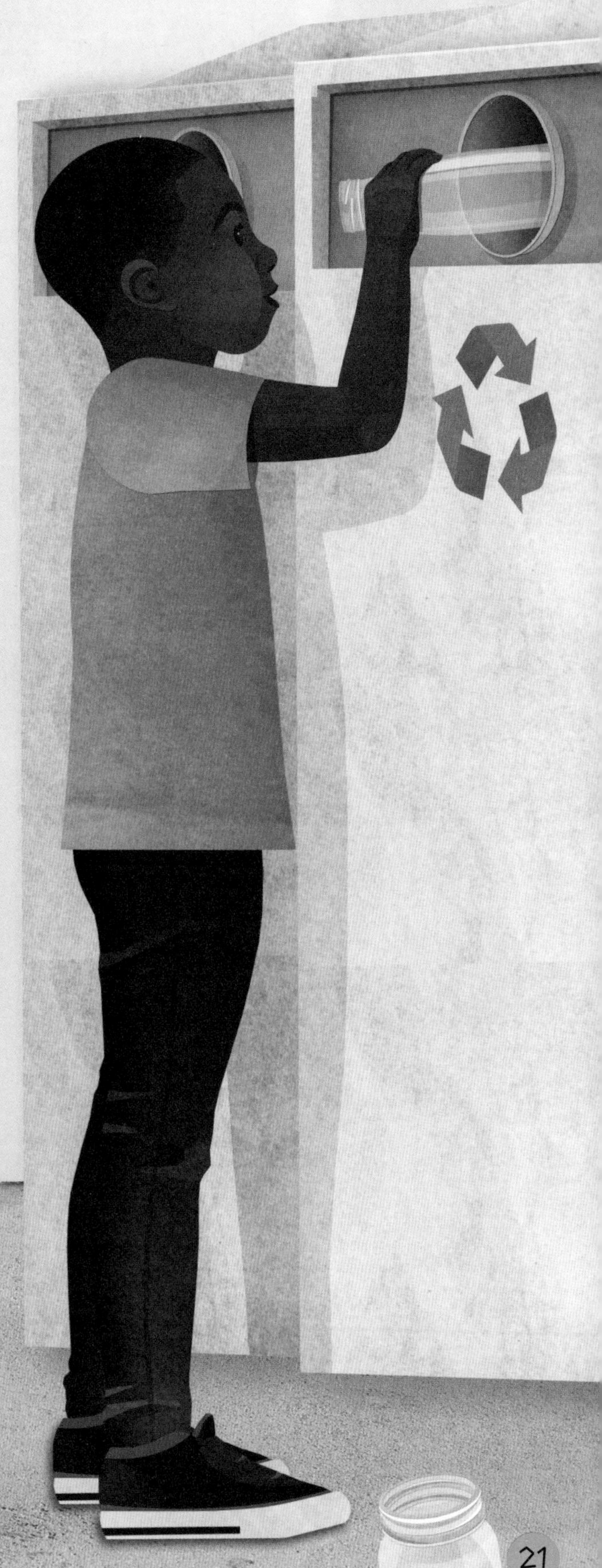

回收一个玻璃瓶所节省的能源可以使一个 100 瓦的灯泡工作 4 小时。

回收钢罐可以节省 60%~74% 用于生产新钢的能源。

每回收 6 吨玻璃，就能减少 1 吨二氧化碳（全球变暖的关键气体）进入大气。

你的工作任务

想做名符其实的“家庭环保小英雄”，就得随时随地做好垃圾分类工作。下面提供一些简便易行的做法，无论是照搬还是仅作参考，只要做到这些，就能让你家的厨房和你们班教室的面貌焕然一新。

垃圾桶：可与不可

大部分城市的街头都有环卫部门摆放的分类垃圾箱。如果对于垃圾分类方法有疑问，可上网查阅相关说明或咨询当地的废品回收站。

在厨房的垃圾桶旁边放置你的回收箱，每只箱子都打上醒目的分类标志。

建议自己做一个小表格，列清楚不同种类的垃圾，可以随时查询。

所有类型的塑料瓶都在可回收范围，洗干净后归于一处。

用较大的装具如大塑料袋等一次性盛放多种类别的可回收废品，可以减少你的运送次数。

如果你们家有花园、菜园等，可考虑用残羹冷饭堆肥。

不同颜色的玻璃碎片不要装到一起，方便废品站归类处理。

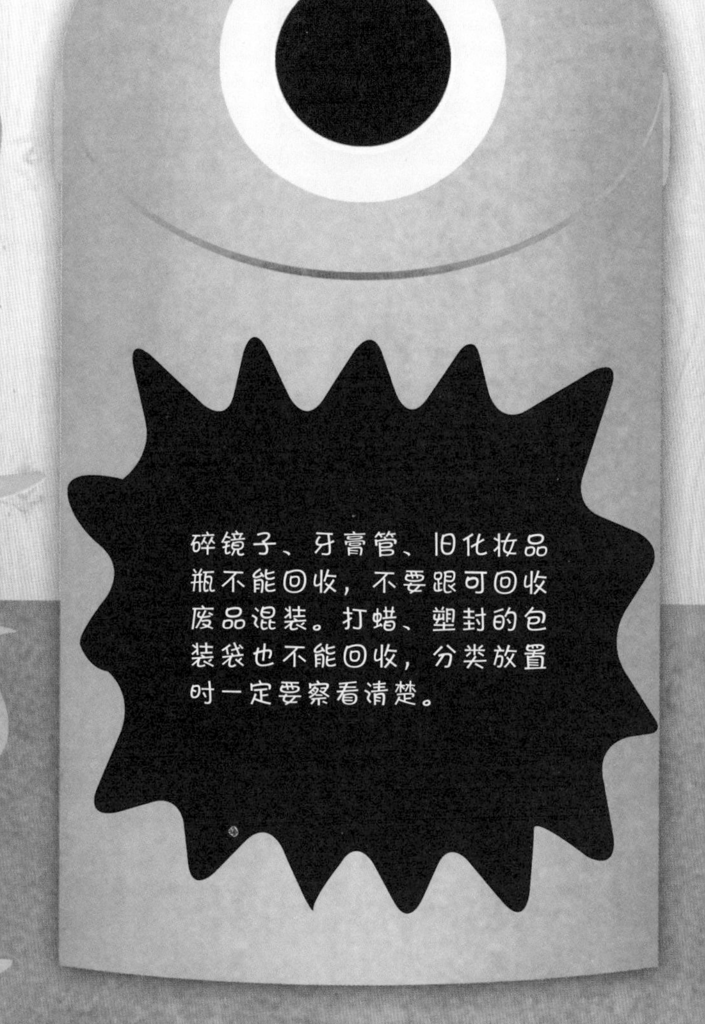

校园战士

回收废品是一场旷日持久的战役，但战场并不局限于自家那点地盘。掌握3大战略，你也可以做一名校园战士。

1. 以1个月为周期发起垃圾回收班组竞赛活动，优胜者可以获得奖励。

2. 在低龄儿童喜欢玩耍的地方增加垃圾桶的摆放密度，桶壁贴上引人注目且富有启发性的招贴画，激发孩子分类投放垃圾的自觉性。

3. 举办一场环保美工设计大赛活动，例如给其貌不扬的垃圾箱戴上一个怪兽面具。这项工作并不复杂，原材料只需要一点油漆、几块废纸板，剩下的就是小天才们无穷的创意了。当然，你也可以独挑大梁，让你们班负责区域的垃圾箱摇身一变，成为小孩子们最感兴趣的宇宙怪兽，吸引他们将可回收垃圾填塞进去。

回收一只铝质饮料罐，节约的能源足够我们看2小时电视！

绿色能源倡导者

能源在我们的日常生活中应用非常广泛。大到搭建房屋，小到烧水做饭、房间取暖和制冷、启动电器、进行一些家庭娱乐活动或出门旅行，没有能源都无法实现。能源消耗不仅会使地球储藏的不可再生资源枯竭，还会造成空气、水体和土壤的污染，破坏生态系统。“绿色能源倡导者”，到用你的力量改变现状的时候了！

全球气候变暖

地球在发烧。根据美国航空航天局的观测，地球表面温度最近一个世纪以来平均上升超过 1℃，且累积势头不减。历史上有记载的 18 个高温年份，17 个集中在 21 世纪短短 20 年的时间里。气象部门预测，未来 100 年内，全球气候变暖危机将日益加重，如果我们不采取适当措辞积极应对，生态灾难将无可避免。

- 气候的常规性变化导致的恶果是水灾、旱灾并行，生态系统遭到破坏，进而引发食物短缺。
- 南北极冰盖以及遍布全球高纬度地区的冰原融化，崇山峻岭上终年不化的积雪消失。
- 海平面会不断上升淹没近岸低洼地区，许多人类聚居的社区，包括繁华都市都会上演水赶人的悲剧。蔚蓝的海洋里星罗棋布的低海拔岛屿的命运，就是沉入水下。
- 许多物种也会因为适应不了恶劣的生存环境而灭绝，与恐龙一样从地球上消失。

温室效应

二氧化碳（CO_2）和甲烷（俗称“沼气”，化学式 CH_4）都是大气层的构成物质，对我们赖以生存的生态环境有至关重要的影响：吸收太阳的辐射热，提升地表温度并且使我们周围的空气变得那么温暖宜人。这一机理，就是近年来舆论界每每谈虎色变的“温室效应”。事实上，没有温室效应的话地球根本没有办法蓄积来自太阳的能量，生命也就无从谈起。

自有人类以来直到大约 250 年前，我们与地球相处和谐，地球养育了我们，我们也没有对地球生态造成巨大的破坏。但进入近、现代之后，全世界人口的暴长和对自然资源的过度开发利用，例如养殖业的发展、尾气排放严重的交通工具的大量使用，使空气中二氧化碳等温室气体的浓度急剧增加，气候变暖演变成全球灾难。

温室气体

那么，引发“温室效应”的罪魁祸首是哪一类气体？又是哪些人为因素导致这类气体超标排放的？

水蒸气

化学式 H_2O

水的三态变化（固态——冰，液态——水，气态——水蒸气）是自然循环过程，远在人类出现之前就已经是地球的常态，所以虽然是温室气体但不会造成环境污染。地球表面温度越高，水分的蒸发越活跃，空气湿度也就越大。

甲烷

化学式 CH_4

人类活动产生的甲烷在全球气候变暖方面发挥了 14% 以上的作用，且一旦逸入大气层，驻留周期将长达 10 年以上。使用矿物燃料、农业生产、填埋有机废料等，都会制造大量的甲烷。

二氧化碳

化学式 CO_2

人类每年排放 400 亿吨二氧化碳，其中相当一部分将游离于大自然的物质循环体系之外，对大气环境造成成百上千年的持久损害。在造成全球气候变暖这个严峻问题的众多因素中，仅人类为维持生产生活需要制造的二氧化碳发挥的作用就高达 75% 左右。矿物燃料的滥用、砍伐森林破坏植被、水泥制造业的过度扩张，是空气中二氧化碳浓度增高的主要原因。

一氧化二氮（笑气）

化学式 N_2O

一氧化二氮在大气层中的滞留周期是 110 年，对全球气候变暖的影响指数是 10%。这种有害物质的来源均与人类活动有关，如农业生产、化肥的制造和使用、矿物能源的开发利用、非清洁能源车辆的普及、林木采伐等。

对碳排放发出最后通牒！

煤碳、石油、天然气是几百万年前地球生物有机体埋入地下、经过漫长的堆积转化过程形成的物质，叫作“化石燃料”，也叫“矿物燃料”，特点是碳含量高、燃烧充分、热力强劲，同时产生大量温室气体排放。矿物能源为全世界提供了将近 2/3 的电力和几乎所有的交通运输工具动力。

1 吨煤碳燃烧产生的二氧化碳，总重量超过 2 吨。这些温室气体最后都会被排入大气层，将我们紧紧包围。

我们能做什么？

许多国家签署了减少碳排放的国际协议。作为绿色能源的倡导者，你应该积极参与环保组织在互联网上发布的相关倡议，并参考本章后续内容中提供的可行方案，在自己的日常生活中尽量减少能源消耗。

我们每个人都背负着每年 5 吨的碳排放量。5 吨，差不多就是一头成年大象的体重。

电能的真相

每次打开你的电子设备，无论发送一条简单的信息，或者打开复杂的游戏，都得消耗电力——目前世界上应用最广泛的能源类型。大约 150 年前，电力还是科技奇迹和社会传说，并没有进入大众生活，而短短一个半世纪后的今天，没有电的生活对于我们每个人来说都是不可想象的。

灵活的朋友

与其他类型的能源相比，电力有得天独厚的优势：不需要人抬车载，几根细细的导线就能从千里之外的发电厂送进家庭、学校、办公楼、工厂。电能可以转化为任何形式的能源，满足终端用户的各种需求，发光发声、制冷供热等都不在话下，可说是无所不能。想用电很简单：你只要动动手指，摁一下开关按钮就行——这意味着节约电能也只是举手之劳：只要你愿意，再按一次开关即可。

电能是不是清洁能源？

电本身不存在温室气体排放的问题，但这并不意味着电就是清洁能源，因为发电过程中产生的环境污染问题无法杜绝。国际能源署在 2017 年发布的报告显示，目前全世界的电力生产还需要消耗大量燃料，具体列表说明如下：

煤碳	39.3%
天然气	22.9%
水力	16.0%
核能	10.6%
可再生资源	7.1%
石油	4.1%

由上表可以看出：全世界将近 2/3 的电力来源于矿物燃料（煤、石油、天然气）。而正如前面所说，这些物质可都是碳排放大户。

发电站的电力主要是由一种叫作发电机的装置产生的，这种装置通常由燃烧化石燃料提供动力。

自 1992 年以来，全世界人民用电量增加了 1 倍多。

我们大家普遍认为不会污染环境的可再生能源，其实并没有那么绿色环保。有机废料、动物粪便等取之不尽、用之不竭，但拉到电厂里用来发电，产生的温室气体比矿物燃料还要多。

电力的计量

电功率大小的计量单位是“瓦特”(W：简称“瓦”)，电力消耗情况，也就是功耗的计量单位是“度”(kWh：也称“千瓦时”)——也就是1000瓦特功率的电器每小时消耗的总能量。计算各类用电器功耗的办法很简单：

功耗（度）=功率（瓦特）×使用时间（小时）÷1000

拿出纸笔，统计一下你们家所有电器的功率，再估算各电器的平均使用时间，汇总出每天、每月或者每年的用电量，看看还有哪些项目可以节约。

电动取暖装置	2000~3000W
淋浴器	7000~10500W
电烫斗	1000~1800W
面包炉	800~1500W
热水器	2200~3000W
电冰箱	200~400W
电视机	125~200W
游戏机	45~190W
台式电脑	80~150W
路由器	7~10W
智能手机	2.5~5W

（实际功率以各家用电器的标注值为准）

了不起的可再生能源

不像储量耗尽后不可恢复的矿物能源，可再生能源由大自然源源不断地生产和供应，理论上是取之不尽用之不竭的，且对自然界生态平衡的负面影响相对较小。其实我们的周围就有可再生资源的踪影，比如风力发电。1997—2017 年总共 20 年间，风力发电量净增 70 倍。

潮汐

海洋潮汐蕴藏着巨大的能量，在发电方面开发利用的前景非常美好。驾驭潮汐不是一件轻而易举的事，韩国在这方面可以说走在了世界的前列。装机容量 2.54 亿瓦的始华湖潮汐发电站，是截至目前全球最大的潮汐发电站。

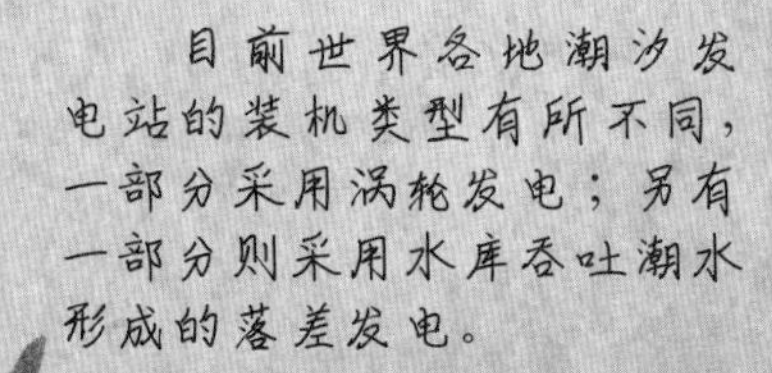

三菱维斯塔斯风力涡轮发电机翼展长达80米，单台风翼每转一圈产生的电量，足供一个普通英国家庭29小时生活使用。

风能

人类开发利用风能的历史非常悠久，风力驱动的磨坊曾经是古代农村一道最亮丽的风景。今天，风能换了一副新面貌，那就是涡轮风力发电装置。大型风力发电场的装机容量相当惊人，满足30万个家庭的用电需求都绰绰有余。截至2017年，荷兰全国43%的电力来自风力发电网，大幅降低了国内不可再生资源的浪费，也在一定程度上缓解了环境污染危机。风力发电的缺陷是：风速会经常变化，无法保证持续稳定的电能供应。

地热资源

我们的星球内部蕴藏有丰富的地热资源，利用水循环导热管道引至地表，可以进行供暖、发电等。紧邻北极圈的冰岛火山众多、热岩层埋藏较浅，全境90%的室内采暖均来自地热。不过受隔离层太厚、地质状况复杂等自然条件的限制，有效利用地热资源的国家，全世界寥寥无几。

超级能源——太阳

科技高度发达的今天，人类已经能够自如地驾驭太阳能，将缕缕阳光蕴含的能量储存起来，用于房间取暖、发电甚至烧水做饭。

你可以购买便携式面板或太阳能背包，为移动手机和平板电脑充电。

用阳光烹制美食

生活在高温地区群落的人们习惯曝晒食材以延长保质期，甚至直接用太阳灶烹制食物。太阳能热水器等更是常见的新能源家用设备。

太阳能电池板

太阳能电池板内铺设的电路能将吸收的光能转化为电能。每平方米电池板的发电量约为150~200 瓦，平均使用寿命可达 25 年。仅澳大利亚一个国家，太阳能电池板用户即达 180 万个。太阳能电池板运行过程中既不需要任何原料，也不产生任何废料，只要光照充足即可保证供电。

亲手制作“太阳加热炉”

用自己的设备加热食品，体验绿色能源的神奇之处。

1. 找一只完好无损的翻盖鞋盒，剪去上盖敞口 3 条边的外缘各 3 厘米（折边原封不动）。拣选尺寸大小适宜的铝箔裱糊鞋盒包括翻盖的内侧，并尽量按压平整。

2. 在鞋盒底部搁放待加热食物处贴上黑色胶带，有助于充分吸收热能。

3. 用 2~3 层透明保鲜膜贴覆鞋盒敞口，功用是透光、蓄热。

4. 将制好的“太阳加热炉”拿到室外阳光直射处，用棍子支好静置 30 分钟左右进行预热。

5. 预热结束后，掀开盒盖放入食材，包子、馒头、煮熟的鸡蛋都可以。准备工作就绪后，盖紧鞋盒原样放好，每隔 10~15 分钟检查一遍“火候”，直到你的美食冒出腾腾热气为止。

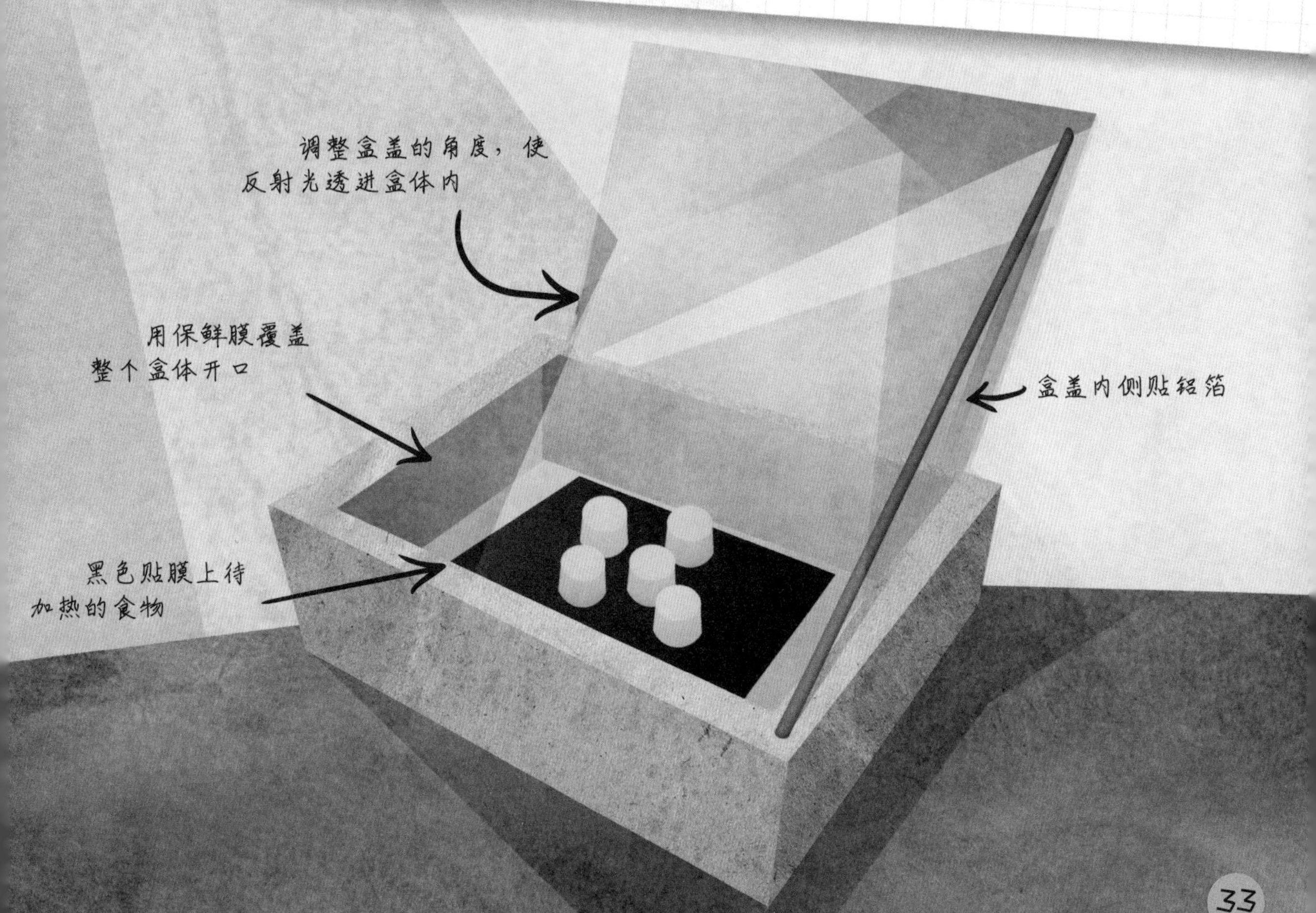

空气污染

新鲜空气是生物维持生命活动的根本前提。有些空气污染是自然形成的，例如火山喷发时产生的尘烟，会影响周边地区的空气质量和气象稳定性。但与现代社会里人为因素相比，对自然污染已经小到可以忽略不计的地步。工业排放、交通工具尾气等，将污染气体散布到地球的各个角落。下面提到的，就是平时最常见、也最具潜在危害性的污染物。

二氧化硫

火电厂使用含硫的矿物燃料发电，这样会产生大量的二氧化硫（SO_2）废气。人类和动物吸入二氧化硫过多，肺功能就会受到严重损害。

一氧化碳

一氧化碳（CO）无色无味，但毒性不小。吸入一氧化碳会急剧降低血液中的氧含量，进而危及生命。使用矿物燃料（石油产品、天然气、煤碳等）的交通工具、火炉、厨具等，都会排放大量的一氧化碳。

颗粒物质

飘浮在空气中的灰尘、工厂生产过程中扬起的化学物质等固态或液态颗粒直径通常不大于0.01毫米，吸入体内容易诱发哮喘和一些肺部疾病。

根据世界卫生组织（WHO）的统计，空气污染引起的各类疾病，每年导致大约410万人口死亡。

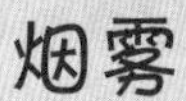

烟雾

水汽、尘雾等自然产生的微粒与煤碳燃烧生成的挥发物混合而成的烟雾常飘浮在城市的上空，严重危害人类健康。1952 年伦敦雾灾夺去 4000 余人的生命。今天的烟雾多为氮的氧化物遇光产生化学反应的结果，除了障天蔽日影响环境之外，还会引起眼部刺痛、诱发哮喘、导致肺部感染等。

为了减少烟雾的排放，一些城市设立了“无车日”。类似的国际性节日也有，日期设定在每年的9月。你能做到在这一天不乘车、并动员自己的父母参与当天的禁车活动吗？

酸雨

雨、雪、雾（此处指水分蒸发形成雾汽，不是前面提到的“烟雾”）易受飘浮在空气中的酸性化学物质的污染，形成水合物随风飘移，将灾难带到千万里之外的异国他乡。酸雨严重破坏生态环境、污染水源，所到之处草木枯死、人畜患病，危害性巨大。

环境杀手：交通工具

1900 年前后还没有飞机，全球汽车总量也是屈指可数。一个世纪后的今天，奔跑在公路上的大小各类汽车已经超过 10 亿辆，翱翔在天空中的商用飞机也不下 10 万架。这些交通工具温室气体排放量惊人，已成为地球生态环境第一杀手。

车辆尾气

目前新能源车的普及程度还比较低，绝大部分交通工具仍然使用燃油发动机，活塞缸内产生的废气虽然经过净化装置三元催化转化器的处理，但通过排气管道排放出的尾气中依然含有大量的二氧化碳等温室气体，其中柴油发动机造成的污染尤其严重。

当前全世界的飞机平均每天消耗大约 500 万桶燃油，碳排量占全球排放总量的 3%。

间接危害

无论家用小汽车、摩托车还是卡车，除了排放污染环境的尾气外，还有很多别的负面作用。

- 制造交通工具需要很多原料和能源，包括原材料加工和整车装配过程中消耗的能源。
- 全世界每年发生的车祸夺去125万人的生命，被碾压碰撞致死的动物同样不下数百万。
- 报废车辆也要付出代价，相当一部分零配件如车身塑料、电池液等无法回收利用，处理不当还会造成严重的环境污染。
- 四通八达的公路网络，侵占了野生动植物的生存空间。

与时代共舞：乘用电动车

截至2018年年底，全世界电动车保有量已经达到400万辆。虽然生产电动车同样需要消耗大量的能源，为提供动力的电池充电的设施也离不开燃料。但总体而言，电动车的能源消耗远小于传统能源车型，因为电动车行驶过程中不会排放尾气污染环境。

步行、骑自行车等，没有动力设备的能耗也没有碳排放，这才是地球小卫士应有的出行模式！

出 行

出行是我们日常生活的一部分，乘坐排放尾气污染环境的车辆也在所难免。不过作为地球小卫士，我们仍然可以改变自己和家人的出行方式。只要做好以下几点，就能为节能减排做出贡献。

1. 步行是最绿色环保且最有助个人身体健康的短途出行方式，但有些人即使与步行或者骑自行车相比节约不了多少时间，还是会选择开车或者乘坐公交车。记住：汽车行驶的距离越短，能效越差，因为发动机预热本身就要消耗一定量的能源。

2. 外出旅行期间，时刻牢记你是一名地球小卫士，除了不乱扔垃圾之外，还要将沿途碰到的遗弃物收集起来妥善处理。

3. 可以尝试“校园绿色公交大行动”。学生上学放学由一名成年人走在前面牵头、另安排一名成年人扫尾压阵,欢乐出行比挤车更好。

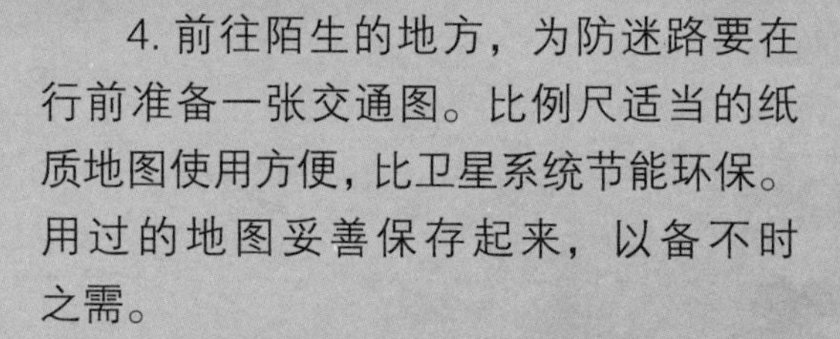

4. 前往陌生的地方，为防迷路要在行前准备一张交通图。比例尺适当的纸质地图使用方便，比卫星系统节能环保。用过的地图妥善保存起来，以备不时之需。

5. 有一个“国际校园绿色出行日”活动，时间定在每年的 10 月。你可以登陆组织该项活动的官方网站，参与活动、学习经验、拓展知识、开扩视野。

拼车

与亲朋好友共享出行信息，出行可以搭便车，确保最大限度地利用车内空间。制作一份家庭成员出行计划，一切都在你的安排下进行。

乘坐公共交通工具

公共交通工具也消耗汽油、柴油、合成油或者电力，但由于乘客众多，分摊后的单位能耗、环境污染指数都大幅降低。

自行车骑行常识

骑行不仅是最健康最环保的出行方式，或停或走还由自己完全把握，可以观赏沿途风景……不过在跨上自行车之前，一定要让大人细心检查一下车况：轮胎是否存在充气过饱或者过少的问题，车把和座位的高度是否合适，刹车是否灵敏，等等。出行时要眼观六路耳听八方，在有自行车道的马路上不要占用机动车道和人行道，谨记随时佩戴头盔。

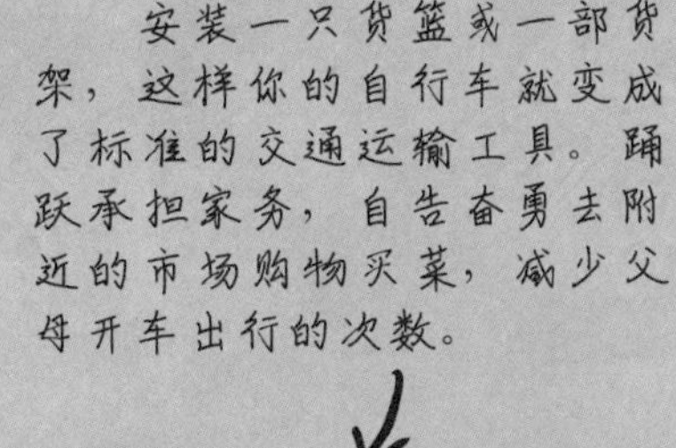

家庭内部能源的使用

了解自己家里使用能源的情况，掌握现代能源科技新成就，对优化生活环境、避免资源浪费都有益处。

差距无处不在

纵观整个世界，能源消耗量的差异很大。首先房屋的大小、内部布局不一样，需要的照明设施也就大不相同。此外家用电器的多少、居民的消费习惯等，也是影响能源使用效率的重要因素。

年人均用电量

国家/地区	年人均用电量
加拿大	15546 度
日本	7820 度
欧盟	5909 度
墨西哥	2090 度
印度尼西亚	812 度

凉爽的代价

气候炎热的国家在致冷方面耗能巨大。为了降低室内温度，追求一时的凉爽，大小电风扇、空调全都开动了。仅 2017 年这一年间，美国家庭致冷用电就耗去全国发电总量的 15.4%，也就是 2125 亿度——相当于南非整个国家全年的用电总量！

回到家里换穿清凉一点的服装，尽量做到白天少开、晚上不开空调。白天拉上卧室的窗帘，减少阳光照射的强度，可以避免室温过度升高。

挑战“低两度”

你下一步需要做的，就是冬天动员父母将家里的空调或暖气调低 2℃。最初你可能需要加穿一件衣服，父母也会抱怨你这是自己找罪受——当然为了让他们乐于接受你的提议，你可以选择在相对温暖的日子里发起这一项倡议——但只要坚持，用不了几天时间大家就能适应较低的室内温度。这样的小调整看起来微不足道，但环保意义重大：一间房内的温度每调低 1℃，可减少碳排放 340 千克！

跟父母沟通，动员他们购买和安装智能控温设备。这类设备有按需开关机的功能，可大幅减少能源的浪费。

关于节能环保

作为一名绿色能源的积极倡导者，到处都是你的用武之地。这里提供一些节能环保的好办法，请参考运用，开启你的拯救地球之旅。

照度相同的情况下，紧凑型荧光灯（CFL灯）比白炽灯节电60%~80%，发光二极管灯（LED灯）可节电90%。

做一名移动节能大使

- 外出旅行前检查所有的家用电器，确保电器处于断电状态，并关闭冰箱冷柜之类食物储存设施所有的仓门。
- 在亲友家做客，征得主人同意后关掉空屋的灯具，起一点示范引领作用。你走后，你的做法会变成他们的日常行为习惯。
- 住宾馆时要告诉你的家人，如果不洗澡就别要求服务员每天换浴巾。一点点体谅，节省的能源可绝不是一点点！
- 除非你攀爬的是40层以上的摩天大楼，否则请尽量使用楼梯并动员你的家人朋友和你一起。动动手脚，有益健康。
- 住了一间门窗透风的房子？不要紧！用布片、卫生纸等堵住所有通向外部的缝隙，避免宝贵的热能无休无止地散失。

家庭节能指南

鼓励父母购买节能电器设备。一般厂商的电器上都贴有能效等级标识，你可以在父母的指导下学习看这个标识。

对待机模式说“不”：家用电器停止工作期间，关电后拔掉插头。

节约用电，随手关灯。

谨记能源的第一大用途是工业制造。少买新产品，将修理废旧物品的功夫发挥到极致，就是节能环保的最高境界。

一根晾衣绳能解决的问题，不要动用烘干机。阳光有消毒杀菌作用，晒衣服永远比加热烘干更健康环保。

发现父母瞄上了某款吸尘器，想尽一切办法打消他们购买的念头。你可以亲自动手帮助父母扫地和拖地。

手机充电器等小电器，用完后一定要拔出插头。

洗发后自然晾干，尽量避免使用吹风机。

无论是亲自下厨还是给父母打下手，烧水、炖菜、煮面等都要及时盖上厨具的盖子，确保热量不会白白散失。加水量、食物量都要严格控制，减少浪费。

多淋浴，少盆浴。淋浴时尽量少花时间。水资源本身很宝贵，何况洗澡水需要加热，同样会消耗不少能源。

杜绝食物浪费

有句流传非常广的话：吃什么，你就是什么 (You are what you eat)。无论这句话是不是真理，至少有一点是明确的：无论你的餐桌上是什么，这些东西都会对生态环境造成一定的影响。食品类别不同、来源不同，对地球产生的负面作用也略有差异。

广阔的大地

对于生活在大陆上的人来说，眼前的大地似乎是宽广无限的，然而事实并非如此。陆地本身只占地球表面积的 30%，其中的 10% 还是人类无法耕作利用的，如不宜居住的冰川、雪山、沙漠。在剩下的 90% 中，只有大约一半为农业区域。

农业用地中，畜牧业占地面积是种植业的 3 倍多。

人类活动造成的温室气体排放中，与牛、羊等家畜养殖相关的产业所占的比例高达 15%（参见本书第 26 页）。

集约化农业

人口数量的急剧增长，催生了农业的现代化。集约化存在的基础是大型农场的出现、农业机械和化学制剂的大量使用，借此提高农业生产效率。农用地的扩大导致林带衰退、灌木消失，生物多样性受到严重威胁。

有毒农药

农药是除草、杀虫的化学制剂，毒性残留较大污染土壤，而且可借排水系统流入江河湖海，通过自然界食物链的传递、累积效应对动物的生存安全构成严重的威胁，甚至有可能导致一些物种的消亡（参见本书第 9 页）。

依靠大自然的力量

“有机农业”是近年由消费领域兴起，并影响生产领域的现代农业新理念。降低环境污染，如利用七星瓢虫而不是农药灭虫，就是这一理念在实践中的体现。农民还会在大片田地的周边播撒伴生植物如花期较长、花色鲜艳的芥菜等，引走吞食庄稼的害虫。有机农业污染小，收成因此大打折扣，所以“绿色食品”的价格比普通大农业产品高出不少。

根据世界野生动物基金会发布的数据显示，如今的农药施用量是 50 年前的 26 倍。

引人深思的食品问题

尽管全球每年生产的粮食多得堆积如山，理论上足以供全世界的人食用，但现实情况是，还有不少国家和地区的人食不裹腹。太多的食物被浪费了，食物分配也并不均衡。

饥饿的世界

富裕国家的国民粮食非常充裕，以致很多人进食过量，深受肥胖问题的困扰。然而全世界还有数百万计的贫穷国家的居民，即便吃饱肚子活下去这点小小的愿望，都要靠努力打拼才能争取到。

我们大家都体验过眼馋的感觉，看到某种喜欢的食物就会流口水。饥饿的感觉跟这个截然不同，那是从你的肌肉、从你的骨头里发出的求食信号——如果得不到满足，你的健康甚至生命都会受到严重的威胁。根据世界粮食计划署所做的调查报告，目前共有 7.95 亿饥民散布于全球各个角落，数量超过了 2 个美国的总人口。这些人由于营养不良，除了体能不足、劳动能力受限外，抵抗力也很差。饥饿问题导致了很多可怕的后果。

全世界每天大约有 2.1 万人死于饥饿或者由饥饿引起的营养不良。

全世界每年有大约 2 亿 5 岁以下的儿童——比 2 个德国的总人口还多——由于食物不足而影响到身体发育，严重者直接危及生命健康。

营养不良导致全球每年有 310 万名儿童死于营养不良。

全球变暖与饥饿问题

遭受食品短缺之苦的人群主要生活在水旱灾频发、生态系统脆弱的地区。全球气候变暖，首先影响的就是这些地区的人民。如果国际社会注意不到事态的严重性并采取有效措施扭转危局，饥饿灾难将愈演愈烈。

良好的饮食体系

仔细研究一下你们家的餐桌，上面也许摆着不少异地的农业产品。食品来源广泛是一大生活优势，为你提供了大饱口福的机会，但也增加了运输负担，从而造成额外的能源消耗和温室气体排放。不过进口贫困国家和地区的农产品，可以提高当地农民的收入水平。下面一些做法兼顾经济和环保需求，适当采用有助于丰富你的食谱。

- 网上搜索讲述贫困问题的专题资料，关注弱势农民的诉求和倡议，为帮助他们脱贫贡献自己的力量。
- 适当购买异地农产品，尽量选择来自贫困地区的，让你有限的钱发挥更大的效力。
- 只要经济承受能力允许，尽量购买本地出产、适时应景的有机产品。如果缺乏这方面的知识，可以上网查阅资料。
- 适度改变食谱，缩减肉类食品摄入的比例。参考本章后续内容，学习杜绝浪费、减少食物垃圾的办法。
- 自己动手培育果树、种植蔬菜。家里有个果蔬园，既能满足你的味蕾，也给了你陶冶情操锻炼身体的机会。翻看下一页具体操作指南，从中发掘适合你的行动方案。

家里的田园生活

如果你们家的花园、草坪有父母打点，想开辟成麦田、菜地可不是你说了算的。但你可以另辟蹊径，想办法给自己圈出哪怕一丁点自留地来，享受春种秋收的乐趣，同时给自家的饭桌上添加些许自己的劳动成果。

从一粒小小的种子入手

问问父母邻居你们当地的主要农作物是什么。小萝卜、番茄、细香葱、生菜等易种易活且生长期短，可以买来种子试一试。

种子的包装袋外一般印有种植操作细则和注意事项。如果你们家没有供你施展手脚的土地，可以找来花盆、托盘等填土下种，然后适时浇水。如果植株长到你原来的器具无法容身的地步，可以找更大的盆盆罐罐进行移栽。最好能发掘家里的“宝藏”，或者用纸板等自制种植箱（参见本书第 59 页），无须大动干戈购买新器物。

没有花园的园艺师

如果你没有庭院、花园，更没有耕地实现你的理想，何不尝试在你家窗台、墙角开辟一处秀珍种植园？或者充分利用阳台的空间搭建绿植棚架，在你家的客厅外面创造一座微型立体农场？

看上去很不起眼的报废鞋架，此时正好派上用场。每层摆上装满泥土的包装盒，种上豆角等爬藤类蔬菜作物，再小的空间也不影响它们生长发育。如果想让自己的“空中花园”布局更加美观、合理，你还可以请父母帮忙。

如果家居环境实在紧张，你还可以在自己的卧室角落里打造一个迷你花园，摆上一只纸盒，展现你的园艺才华。

“环保小卫士”的有机栽培技术指南

若想杜绝食物浪费，最好的做法是奉行“有机主义法则”：在家里搞微型“有机农业”和“有机园艺”，尽量使用你自己堆制的“农家肥”（即“堆肥”），向化肥、农药说不。下面提供一些切实可行的办法，让我们共同开启“有机栽培”之旅。

- 消灭蚜虫使用喷洒清水的方式，不施用任何农药；植株根基部敷一层碾碎的蛋壳，防止爬虫入侵。
- 手工清除杂草，不使用任何杀草剂。
- 杀灭蘑菇等类菌株的办法是用温水加入小苏打制备溶液，再装入洒壶均匀喷洒植株的各个部分并覆盖土层的表面。小苏打溶液有杀菌作用，不仅可防止菌类的孳生，而且现有菌株也会迅速枯死消失。
- 绝大多数昆虫对浓烈的气味非常敏感。取大蒜一头、洋葱半颗，捣烂放入 1 升温水中，静置半小时后再加入 1 汤匙辣椒粉、2 汤匙肥皂液，均匀喷洒植株表面可驱走有害的昆虫。

堆 肥

堆肥就是将植物的枝叶、残羹剩饭等收集起来堆放，任其腐烂发酵变成可提高土壤肥力的材料。这是一个自然现象，也是我们星球的生命不断轮回始终欣欣向荣的原因。如今你要做地地道道的“农民”耕耘你的“家庭小农场”，掌握堆肥的技术就该提上日程了。工作很简单，关键在行动，让我们整装待发！

小付出，大收获

几乎所有的有机物——从普通的水果、蔬菜、谷物到食物残渣等——都可以借助堆肥的方式分解为有机养料。这一过程符合自然界的固有法则，不会像垃圾填埋场那样排放出大量的沼气（主要成分为甲烷），也不需要专用工具或特别设施，家庭、学校、农场等使用这一方式处理有机废料，可起到“化废为宝”的效果。

有机物堆放 1 个月左右即开始腐化，完成自然分解需要 4~8 个月。形成的堆肥中富含氮、磷、钾等植物生长发育需要的营养元素，可随时施放到你的“家庭小农场”里，与泥土混合后庄稼的长势会更加茁壮喜人。

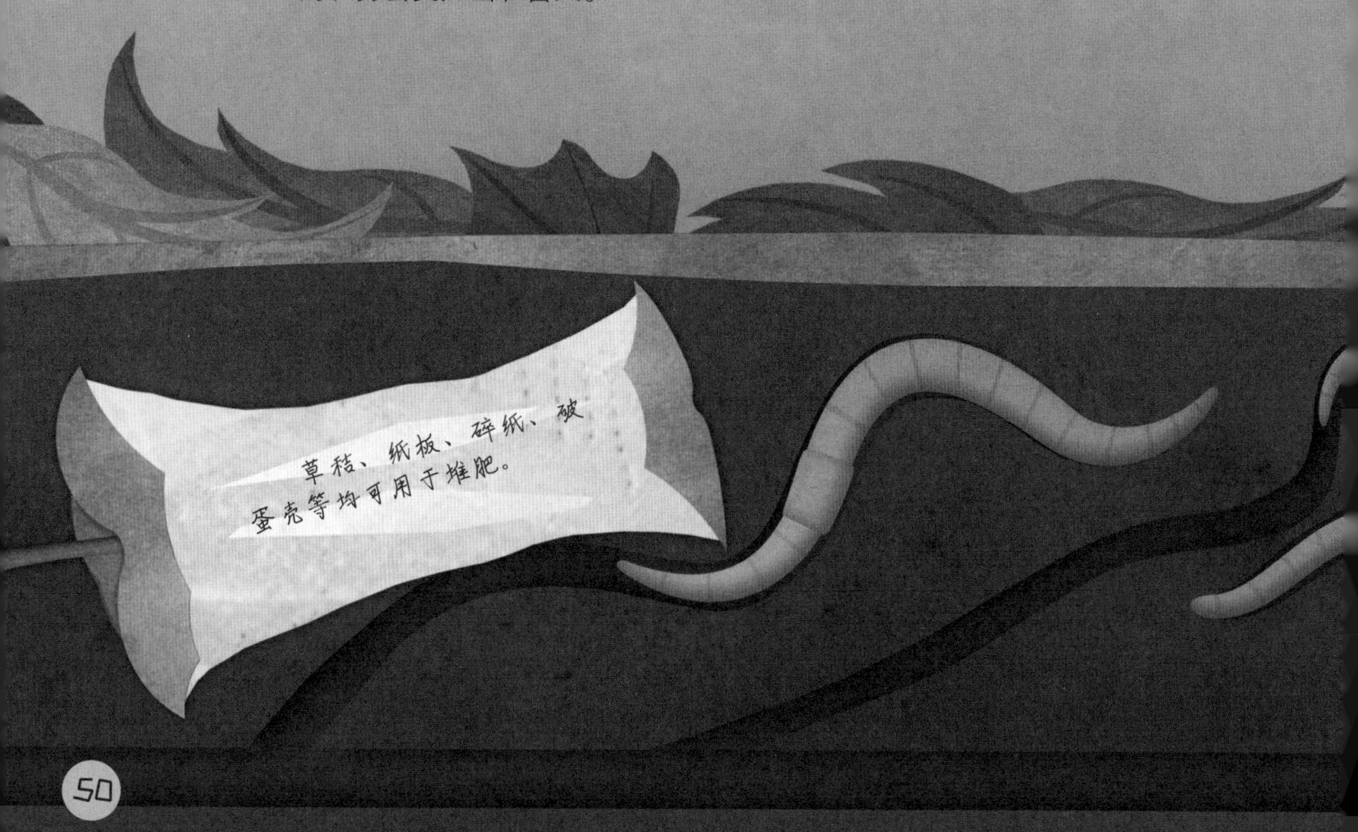

争当堆肥冠军

如果你有自己的小花园，尝试自制堆肥箱或在花园的角落辟出一小块堆肥区域，把堆制成功的有机肥料均匀播撒到花床、苗圃内。没有这样优越的条件也不要紧，你可以在学校里实施自己宏伟的堆肥计划：找个大垃圾箱，亲自动手搜集校园内丢弃的有机垃圾堆放其中，同时动员小伙伴们积极参与你的活动。如果当地的环保部门免费提供类似的设备，你还可以向学校申领。

温暖、潮湿的环境最有利于有机物的分解，所以堆肥箱应安放在向阳的位置，但需加盖严实，防止阳光曝晒、减少水分蒸发。泥土中的蠕虫、微生物等能加速有机物的分解，所以"农场"、花园里设置的堆肥箱宜除去底盖，活动箱内也应垫上一层湿土。

剔除无用之物

塑料制品或者质地与塑料相近的垃圾无法分解，因此不能纳入堆肥箱内。需要排除在外的物品还包括：

- 宠物的粪便；
- 肉屑、整骨或骨渣；
- 奶油制品，包括乳酪、黄油等；
- 鱼皮；
- 塑料，铝箔、锡箔或其他金属制品；
- 高光打印纸、相纸及高光纸印刷品；
- 喷洒过有害化学物质的植株；
- 咖啡包；
- 除非茶叶包为纯棉、麻制品，否则不能用于堆肥。

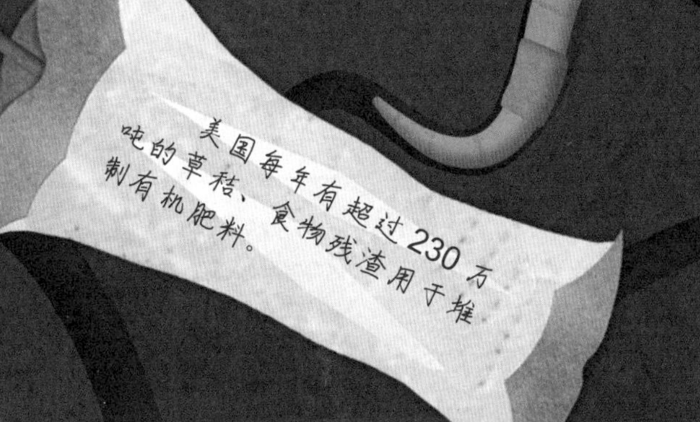

体验素食主义

素食主义者指不吃任何肉类产品的人群，包括任何肉制品及含肉调味品如鸡蛋、动物鲜奶和乳制品、蜂蜜等。即便你做不到素食，少吃一点也会对地球有些益处。

告别大鱼大肉

一般人告别肉食往往有多方面的原因，如信奉宗教、动物保护意识强化等。其中也有相当一部分人是出于环保因素：动物养殖业会破坏生态平衡。

全世界每年大约有 560 亿只大小动物被屠宰，从鲜活的生命变成人类的盘中餐。肉食者对地球资源的消耗，远大于素食者。根据《美国临床营养学杂志》的研究成果，供养一名美国肉食者占用和消耗的资源与素食者相比，土地超出 17 倍，水超出 14 倍，能源则超出 10 倍。

全世界的牛每年从草料中摄取的能量，与 87 亿人消费的食物相当——而迄今为止，地球上的总人口从未膨胀到如此众多的地步。大豆本来是优良的粮食作物，当前全球产量的 75% 却用于家禽家畜的饲养。

当然，肉类的资源单位消耗量远大于粮食蔬菜。例如，每生产 1 千克马铃薯消耗 287 升水，而每生产 1 千克牛肉需水 15400 升。

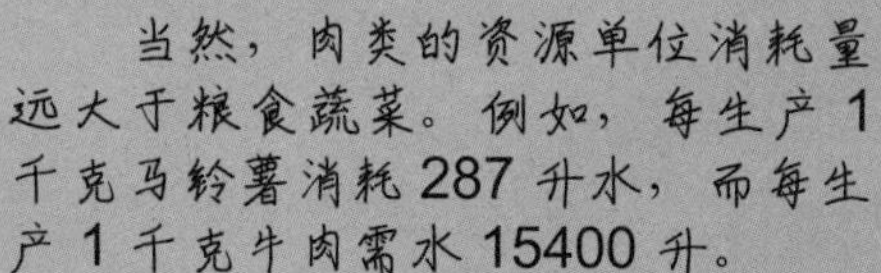

2018 年牛津大学做过一项研究，全球农业土地资源的 83% 被用于动物饲养，产品折合能量仅占人类摄取量的 18%。

素食也很美味

没有肉，你照样可以做出花样翻新、美味可口并且营养价值不输肉类的食品。煎、炸、蒸、炒，菜、豆、面、米，只要厨艺精湛，不愁难以下咽。下面列举一些有助于减少肉类依赖的做法，让你的素食生活照样异彩纷呈。

- 主动向父母提建议，让他们给你做蔬菜饼、豆腐等素食。
- 与父母约定每周星期一为“素食日”。
- 鲜美的蘑菇配上甜菜丝、番茄片、芝士，做成三明治，别有一番风味。
- 如学校需要自带午餐，可以把食谱里的肉换成豆制品或奶制品，同样含有丰富的蛋白质和钙，保证营养的供应。
- 菌类食物和坚果也含有丰富的蛋白质和优质的脂肪。

管控好食品垃圾箱

吃什么固然重要，丢弃什么更重要。每丢弃过熟变味的西瓜、外皮出现黑斑的香蕉一次，你就在一个全球性大问题中扮演了一次小小的、不光彩的角色。联合国粮农组织的估算结果显示，人类社会的食物浪费现象触目惊心——每天有将近 350 万吨食物被无端遗弃，占年度总产量的 1/3。

发达国家不珍惜粮食的问题远比发展中国家严重，两类国家人均浪费率相差 10 倍之多。仅欧洲一地丢弃的食品，便足够养活 2 亿人。辛勤劳动的成果被丢弃，这仅是我们日常生活中看得到的一面，由此造成的环境污染，以及处理这些垃圾产生的额外社会负担,大到无法估量。仅英国这个幅员不算辽阔、人口也不多的国家，每年倾入垃圾填埋场的食物即达 1800 万吨。

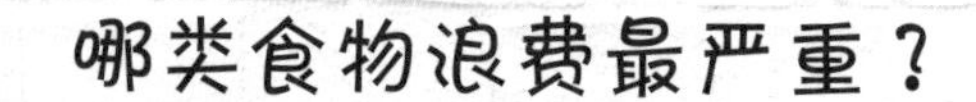

渴望改变现状？

减少食物浪费，首先要端正心态，把眼前的饭菜跟别的耐用消费品同样看待（还记得本书 14 页上的环保金字塔吗？）按需购买，炒菜做饭做到宁缺勿滥。贮藏食材也要讲科学、重方法，防止腐烂变质。

剩马铃薯可捣泥，拌入洋葱丁、白菜丝等制作馅饼。直接油炸做成丸子之类，也是别有一番滋味的美食。

残羹冷炙也养人

剩饭剩菜只要保管得当，短时间内既不会腐败也不会丧失营养价值。做顿饭除需要一定量的食材之外，还得消耗不少时间和精力，吃剩后放入冰箱或者通风、阴凉之处，下顿饭稍做加工处理，端上桌依然是美食。参阅后续内容，学做勤俭持家的小主人翁。

剩馒头、干面饼切碎后与各类蔬菜丝、乳酪、番茄酱等混合搅拌，加热至熟后味道非常鲜美。

外皮烂熟变味的香蕉，去皮后用保鲜膜、食品包装袋包好放入冰箱，一旦冻透就是现成的冰沙，营养又清凉。

食品的包装

与食物浪费现象作斗争，有了前面的经验你已经是称职的环保小卫士了。然而，与饮食有关的浪费不仅仅局限于丢弃食物，包装同样是一大问题。

食品与包装

我们大家都有去超市购买食品的经验。那些花花绿绿的包装，消耗的材料有数万吨。据统计，欧盟地区 2015 年人均包装袋消耗量即达 167 千克——大致相当于两个成年人的体重。生产商在食品的包装上可谓做足了功夫：除普通纸、塑料膜、锡箔之类小包装之外，还要套金属或者纸板外包装，不具任何实用价值的层层包装造成资源的巨大浪费，也给我们生活的环境带来污染。

当然，也有一些包装是必不可少的。比如未经加工处理的蛋类，我们不可能不做任何包装进行运送；真空包装有保鲜作用，是食物运输和贮藏环节防止腐败变质的必要手段。然而不容否认的是，许多包装只是为了炫人耳目、吸引客户，满足的是生产商占领市场的需要。

超市一般都有净菜出售，购物时别忘带上自家的手提袋之类，拒绝卖家提供的一次性包装袋。

结实的大纸袋也可以使用很多次。份量较大的水果、蔬菜等，可用布袋、编织袋等盛装。

购物看包装

进超市购物要有挑选包装的意识。如果包装必不可少，看看上面是否印有回收标志。

回收标志每个地方不完全相同，但使用最普遍的是“国际通用回收图标”，如上所示。

某些食品的包装比较复杂，里外各层使用的材料不一致，能否回收需要区别对待。比如这种纸盒盛放外加塑封的包装，塑料薄膜就不属于可回收范围。

做一名反过度包装的小卫士

首先向自己的不良消费习惯发起挑战，每天少丢弃一点包装物。周末将一周内全家产生的废纸袋、塑料瓶、金属盒罐等全部收集起来称重，逐周对比。经过你的不懈努力，如果你们家的包装垃圾能在短期内减少 1/4 以上，那就是非常不错的成绩了！

在家饮用净化后的自来水，比瓶装、罐装水更经济、健康、环保。

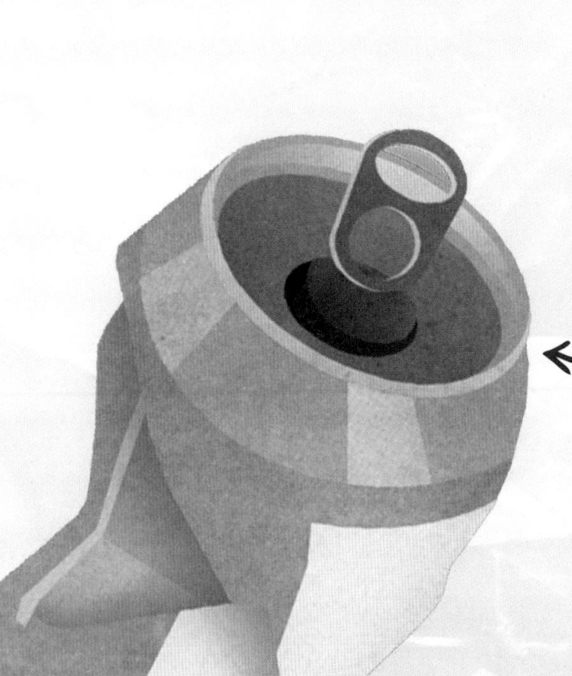

少买瓶装果汁，可大幅减少包装物的使用，环保又健康。

养成良好饮食习惯 让地球变得更加美好

“节制饮食、减少浪费”训练活动，至此告一段落。经过前面的学习，我们深切体会到每个人的生活习惯都有很大的改善空间。只要乐于实践，每个人都能在享受美食的同时减少环境污染和资源浪费。继续阅读本节内容，开启你的绿色环保王国探索之旅。

有空逛逛附近的素食店或者拜访吃素的亲朋好友，学习色、香、味俱佳的全素美食的制作方法，提高自己的厨艺水平。

废纸板、塑料片不要轻易丢弃，发挥工匠精神制成独具特色的食盒，盛装食品拿到学校里，让同学们欣赏你的环保艺术品。

常跟父母一起去菜市场？很好！出门前打开冰箱，拍下家里已有的各类菜品的照片，防止父母粗心大意重复购买，造成不必要的浪费。

别忘了在食品盒里装上你平时吃饭用的勺子或者筷子，告别一次性餐具。

留下当地绿色产品种植户、销售商的联系方式，尽量从这些渠道购买食材，支持环保农业发展。

如果有条件接触到园艺师，虚心向他们请教扦插、移栽技术。番茄、胡椒、罗勒等植物扦插成活率极高，你的环保花盆用不了多久就会绿意盎然。

制作既美观又环保的花盆

用废弃包装材料亲手制作“花盆”，在清除环境污染隐患的同时为你的生活增添一抹色彩。你需要的，只是一沓废旧报纸、几枝藤萝的细茎、一只盛装肥沃土壤的大玻璃器皿。有了这些东西你就可以尽情发挥想象，创造出一个属于你自己的微型植物王国。

1. 沿长边对折报纸并绕模具——玻璃器皿数圈，注意下缘要超出器皿底部4~5厘米，以便内折后可以固定成一个底面。

2. 为你做好的“纸花盆”定型：用胶带粘贴纸边，并在腰部位置箍一圈藤茎。

3. 将纸花盆放入大小适宜的托盘，填上营养土，播种后移至阳台或者卧室内阳光比较充足的地方。注意及时浇水。

4. 等你的绿枝长到足够强壮的时候，剥去胶带、拆除藤茎后挪入容量更大的花盆并培土填实，或者直接移栽到你们家的花园里。纸盆本身会自然降解，不需要特别处理。

第四章

保护生命之源——淡水

有人的地方就有它，拧开一只龙头就能汩汩流淌，平常到绝大多数人视而不见的一类自然资源，这就是水。但是你要知道，淡水资源的全球分布极不均衡，环境污染和挥霍浪费又让缺水的问题愈演愈烈。保护生命之源——淡水，需要我们伸出援手。

为什么说水是“生命之源”？

要保持身体的最佳健康状态，成年人每天至少得喝 2 升水。水在生命活动中发挥的作用太大了：维持体温恒定，运送养分，携带废物包括有害物质排出体外，等等。没有水，我们的星球上就不会有生命出现。

地球上有 21 亿人——超过全球总人口的 1/4，生活在没有安全饮用水的家庭中。

水污染

农业生产离不开水，日常洗漱也离不开水。水路保护不到位，我们生产生活中产生的污染物就会源源不断地流入江河湖海。水污染传递性很强：人畜一旦饮用一丁点含有病毒或者有毒化学物质的脏水，就有可能危及生命、导致疫病大面积传播。霍乱、痢疾、脊髓灰质炎等恶性传染病暴发的根源，就是水污染。

根据世界卫生组织发布的数据，水污染和卫生防疫工作的疏漏导致的腹泻，每年夺去大约 84.2 万人的生命。

水资源短缺问题

我们的星球上的淡水资源只有 70% 位于地表，剩下的 30% 蕴藏在地下。人类取用地下水的主要方式是打井，但开发过度水源枯竭正成为一个普遍的社会问题。大部分国土位于热带地区的印度地下水丰富，不过还是有将近一半的井供水不足。

气候变化也是影响水资源分布的一大因素，秘鲁安第斯山区的奎尔卡亚冰冠自 20 世纪 70 年代以来日渐萎缩，周边数千居民面临断水危机。

节约用水

地球上 97.5% 的水资源含盐量过高，因而不适合人类直接利用，这意味着你家厨房的水龙头里流出来的每一滴水都非常宝贵。想想你们家人的日常用水习惯，估计大家节约意识还不够强。学习下述用水技巧，相信这种状况会得到一定程度的改善。

洁净的代价

洗衣机是一项重大发明，为我们减轻了许多家务负担。但洗衣机的弊端也是有目共睹的：每洗涤 1 千克衣物，耗水量高达 6~14 升，大容量机型单次洗涤用水量达 160 升以上。由此可见，保持衣着整洁代价不小，每开一次洗衣机都得考虑效率问题。

- 如果你的 T 恤、短裤都比较长且有可拆卸缝边、衬领等，上运动场时大可穿起来。弄脏了也不要紧：将附件拆下来清洗，衣服照穿还可以节省不少水。

- 动员家人少开洗衣机。当然这不是鼓励大家不讲卫生，而是做好统筹安排、等脏衣服攒够一箱后再集中清洗。

- 干净衣服溅上些许污点，毋须大动干戈整个洗一遍。接一杯水，用废旧牙刷等刷洗局部、清除脏斑即可。

- 发现最喜欢穿又急需的衣服脏了，最好的办法就是手洗。找只洗衣盆或者直接放入洗脸池，半盆温水、一匙洗衣粉，所有的问题都解决了。

烹制饭菜，蒸比煮耗水要少，直接放入烤箱中烤制的方式用水量更小。

家里的数据与真相

饮食洗涤只占家庭用水量的 20% 左右，大宗耗水项目其实在洗手间（占总用量的 70%）。只要树立牢固的节水观念并掌握些许小技巧，仅洗澡一项就可以节省大量的水，为保护宝贵的水资源做出不小的贡献。

水龙头

取完水马上关紧水龙头。别小看滴漏问题，天长日久累积起来，那可是个惊人的数字：以每小时 1 升计算，全年就是 8760 升。

牙齿

刷牙时打开水龙头，每分钟浪费的水量多达 9 升。尝试用牙具盒、玻璃杯等接水刷牙，期间切记关闭水龙头。

温度

发现混合龙头内流出的水过热，关小热水管道的控制阀，而不是开大冷水管道控制阀。小小一个动作，可大幅减少水和能源的浪费。

浴缸

盆浴一次耗水 80~160 升，坚持淋浴能节约不少水。不过淋浴也有一些事项需要注意，请仔细阅读下页说明。

厕所

若非必要，别轻易冲洗马桶。某些环保观念超强的人士甚至小便后不冲，以此达到节水目的。

缩短淋浴时间

我们说淋浴比盆浴用水量小是有前提条件的，那就是不磨蹭。有些淋浴器每分钟喷水13~16升，使用时间太久消耗的水和能量同样惊人。让我们尝试养成以下良好习惯：

1. 设定基本时间。有良好卫生习惯的人，身体通常情况下都是比较洁净的，每次淋浴5分钟，洗头洗澡基本上足够了。

2. 鼓励家人以你为榜样，把淋浴时间压缩到最短。

3. 调节水温时在蓬蓬头下放只大盆，接获的水浇花、拖地板、擦拭家具、洗衣服等，都是不错的选择。

每次洗浴完毕将浴巾搭到室外晾干，可延长使用寿命。另外阳光有杀菌消毒作用，曝晒浴巾还有利于你的身体健康。

淋浴耗去家庭用水量的30%左右。美国人每年淋浴用掉的水大致为4.5万亿升。

水：你留下的环保印记

碳排放是大家关注的话题，所以一般人都对自己日常生活中制造的二氧化碳有自觉的认识。温室气体破坏环境，水的过度消耗和污染同样是严重的环保问题。将这两者都重视起来，是我们踏出保护生命之源——水的第一步。

水，无处不在

我们每天都要喝几杯水，沐浴、洗衣用去的水量更大，然而这仅仅是我们对水最直观的认识，事实上水与人类的联系远远不止这些。你吃、穿、用、住涉及的一切东西，生产过程都离不开水。如果我们开出一系列数据，某些隐藏的事实会更加惊人。例如，根据“地球之友”基金会的统计核算，生产一部智能手机，全线耗水量相当于单人洗澡 160 次！

H_2O：没有买卖，就没有浪费

2017 年上半年，英国卖出瓶装水 17.7 亿升。要知道，你掏钱买到的水只是一部分，更多水在那整箱整串的塑料瓶之外。生产一瓶水，通常会造成 2~3 瓶的浪费。节约水资源、减少制造塑料需要消耗的石油和能源，最简便易行的办法就是购买一只经久耐用的密封旅行杯，在家里灌满水后携带出门。

水的循环，大自然的奇迹

地面上各种状态的水——包括液态水、冰、积雪等，我们可以说是司空见惯。不过还有一种状态的水——水蒸气，我们可能就没有那么熟悉了。水蒸气也是水的一种状态，地表水体、土壤中的水分等受热就会蒸发并融入空气，无论海洋还是沙漠、雨林还是冰盖，空中都飘散着或浓重或稀薄的水蒸气。水蒸气遇冷后又凝结到一起，形成云、雾、雨、雪装点美丽的世界。掌握这些知识，对我们保护和利用身边的水资源大有裨益。

构筑你的家庭蓄水池

雨天看水串顺着屋瓦流淌、滴落，这是绝大多数人曾有过的经历。其实我们可以将这些雨水收集起来，蓄积到桶、缸之类大型容器中，需要时可用来浇灌花草，清洗自行车、汽车等。如果你家的建筑物附设有雨水排泄管道，你可以请大人在水管的适当位置开孔并安装一只水龙头，下雨时接几桶保存起来，何尝不是充分利用自然资源的好点子。

如果法国人每家每户准备一只大桶盛接雨水，每家都接满一桶相当于集水45.6亿升。那可是全免费、零能耗、纯天然的“纯净水”！

如果你家的花草需要浇水，建议提一只水壶挨个儿浇灌。铺设软管搞大水漫灌或者喷灌，这些方式都是水资源的巨大浪费。别看喷灌一副轻风细雨的样子，一个小时喷出的水可不少于1000升！

气温越高，水分蒸发的速度越快。所以浇灌花草的时间宜安排在清凉的早晨或者晚上，减小蒸发量，增大土壤的渗透率并延长积蓄时间，保障植物的吸收。

水体污染

节约用水只是解决水资源问题的一个方面，还有一个问题不容忽视：那就是水体污染。大家都知道水是生命之源，但是一经污染，就有可能转化成致命祸患。如果供水安全得不到保障，受影响的将不只是个人，而是村镇、社区、城市，甚至整个国家。

关键问题是，人类造成的水污染问题，大自然中的每一种生物都要承担灾难性后果。根据美国“国家地理”网站长期调查研究得出的结论，全球 10000 余种已知淡水鱼类中，将近 20% 的品种已经灭绝或者濒临灭绝。制造这一生态悲剧的元凶，正是水体污染。

温水闷死鱼

排放热水似乎算不上是污染环境行为，但会直接提高周边江河湖海的水温，导致“热污染”问题，严重破坏生态链安全。水温过高，水中的溶解氧容量就会降低，这对依赖氧气维持生命活动的水生动物如鱼类来说，无异于闷杀。水电站、工厂废水是导致自然界水体温度升高的罪魁祸首。

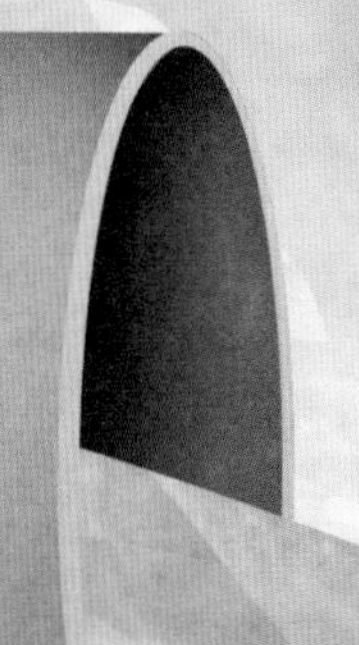

可怕的采矿业

采矿是一项水消耗量巨大的产业，某些选矿作业还要使用有毒化学制剂。采矿尾料和污水未经有效处理就被企业排入自然水体，无论这种行为是否有恶意、是否触犯法律，都会造成“酸性采矿废水污染”的严重后果。

2018 年，受到严重污染的印度贝兰杜尔湖突发大火，燃烧的湖面制造的尘烟，竟然飘出 9 千米远。

农业污染

大部分化肥、农药残留物都会汇入大自然的水循环系统，进而导致水资源的大面积污染。这些有毒物质所到之处，野生动物会生病甚至死亡，还会滋生大量有害微生物如菌类等，污染水体导致水生动物受到伤害。

发达国家对粪便的处理细致入微，有害物质被处理得非常彻底或者少到可以忽略不计的地步，因而不会对水质造成严重影响。但相对贫穷的国家和发展中国家有将近 80% 的人类粪便被直接排入河道，对本土乃至周边国家的水域造成持久污染。

我们采取了哪些行动？

水污染问题日趋严重，已经到了我们不能再坐视不管的时候了。1957 年，横贯英国首都伦敦的泰晤士河由于污染太过严重，政府不得不宣布这条“历史名河”已成为鱼虾绝迹生机全无的“死河”。好在人们没有消极待变，经过几代人坚持不懈的努力，125 个鱼种还有河豚等已经回归。2017 年，中国启动 8000 余处河段、湖沼清淤净水项目，不少国家也积极行动起来，全面禁止有害生物、化学物质随水流排放。

既清洁又环保

凭一个人的力量清除江河湖海中的全部污染物，听上去就像天方夜谭。但是作为淡水资源的朋友，只要大家都做出一些努力，我们的家园会一天天变得更加美好。

把好家中出水孔这一关

保护水资源，先从你们家的厨房、卫生间做起。地漏、槽孔排水之前，看清楚水中有没有夹杂污染物。很多人认为排水管道通入地下，不会对地表水质造成任何影响。如果你也这么认为，那就大错特错了。你倾倒进去的任何有害物质，都会进入我们蓝色星球的生态循环。因此，下述废物料绝对不能冲入下水道：

动、植物油脂，油画颜料等不溶于水的物质极易粘附水管壁，造成下水道堵塞。此类垃圾应收集装袋、与固体垃圾同样处理。

某些国家的国民药品浪费严重，无论处方药还是柜台药，买回后真正服用的不到 2/3，剩下的被随意丢弃。切记任何药片都不能冲入下水道。

市政工程给大家提供的下水道冲涮大、小便很方便，但不能当作小件垃圾的万能通道。牙线、塑料碎片、湿巾、餐巾纸等固体垃圾，务必使用垃圾桶收集并使用小区垃圾收集系统这一渠道进行处理。

你能做什么？

一些清洁用品、化妆品会污染水源，因此不能混入排水系统。好在许多日化公司本着对环境负责的态度，开发制造出了环境友好型产品。但我们也应该采取行动，为保护水资源尽一份绵薄之力：

- 热水加柠檬汁，便可以除去窗玻璃或者玻璃器皿上的污物。洒壶内装入用水稀释后的白醋，可用于清洗物品表面或者管道内壁的污垢。

- 你知道小苏打有除臭功能吗？用透气性良好的纸包或者布包盛装小苏打，置入冰箱内侧，只需一茶匙即可消除异味。鞋袜穿久了气味也不好闻，晚上取一点撒入里面摇匀，第二天抖落干净后穿起来，又异常清新。

- 取 1 汤匙橄榄油、1 茶匙蜂蜜外加一枚蛋黄，混合后耐心搅拌成均质液胶，那就是最好、最原生态的护发素。用你制备的混合液干洗头发，静候 30 分钟左右再用水冲洗干净，漂亮又环保。

- 过期肥皂完全可以回收利用，不要轻易丢弃。炒勺之类灶具内加入适量的水，再放到电磁炉上加热。将肥皂研磨成粉末或碎片小批量撒入热水并搅拌至完全溶解为止。将制成的“肥皂汤”装入喷壶中，一壶环保又便宜的浴室清洁剂就做好啦！

毒害生物群落

家庭向下水道倾倒脏水、废物，对我们的生态环境造成的破坏不亚于工业污染。电池液泄漏后内含的有毒物质进入排水系统，对水资源的污染大而持久。包装袋、钓鱼线等塑料制品混入水体后就变成了水生动物的杀手，海洋大型哺乳动物如鲸、海豚等以及鱼类吞食塑料导致死亡的新闻，屡见不鲜。口香糖等胶体残渣特别容易粘附动物毛发，变成难以清除的身体累赘，同样影响动物的生存。

瓶罐之灾

被丢弃的饮料罐随水移动，不仅是伤害动物的武器，汇聚成堆还会堵水截流，造成不可预测的严重后果。最可怕的是捆绑饮料的塑料绳，绑杀鸟类、哺乳动物的悲惨事件层出不穷。虽然可降解塑料的降解周期较短，但危害性并没有因之减小。

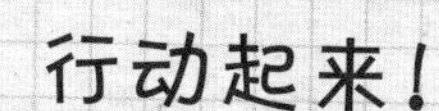

行动起来！

看看我们周围的环境！很多河流、人工水道、湖沼池塘，都有富营养化现象，这就是倾倒垃圾的结果。面对摆在眼前的问题，为什么不积极行动起来，搞一次水域大扫除?

- 明确你的目标卫生区域，在大人的协助下制作一份工作地图，标定安全活动范围。
- 换穿布料厚实的工作服和保护性能较好的鞋袜，以免被水草划伤、昆虫螫伤或遭受水生小动物攻击。
- 捡拾垃圾时请佩戴水密性手套并在动手前仔细察看，接触玻璃、金属锐器等有一定的安全风险，最好请大人协助。
- 有条件的话可带上园艺耙、网兜等工具，既可保障活动安全，还能提高工作效率。
- 现场分拣垃圾并用不同颜色的塑料袋、桶、箱等自备的容器装起来，运送到垃圾站后处置方便。
- 遇到大型垃圾如自行车、手推车、家具等不可逞强，请求大人帮助搬运，以免危及自身安全。
- 清除堵塞水路、严重影响周边植物生长的水草。但要注意分辨，不要拔掉本地原生品种，也不要折断水面上的垂枝。
- 种植花草、灌木甚至大树，绿化裸露的堤岸。植被能防止水土流失、荫蔽水面降低水温、提高水体含氧量；此外落水的草籽、果实、昆虫等，对于鱼类来说就是天上掉下的馅饼。
- 拍摄一些过程性照片，特别是体现水域清理前后鲜明对比的风光照片，向你的同学、朋友展示你的劳动成果。

每年的3月22日是法定的“世界水日”。组织水域大扫除活动，纪念这个有意义的节日。登录世界水日官方网站，全世界爱水护水大行动的风采，会让你目不暇接。

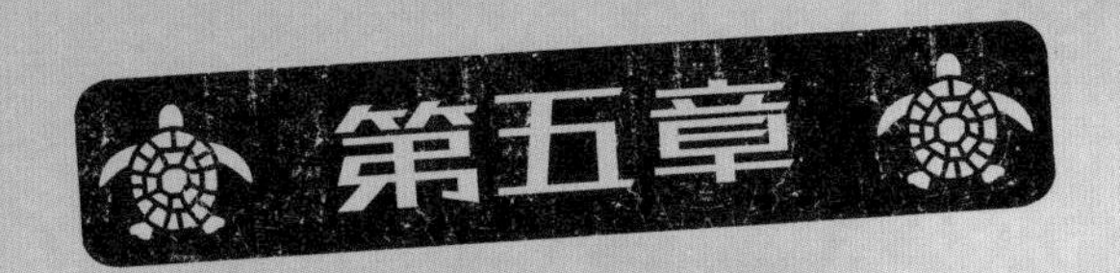

海洋守卫队员

浩瀚的海洋让人望而生畏。蓄积 96% 的水，涵养亿万生灵，这就是海洋在我们大家同生共存的蓝色星球上所占的位置。海洋是大自然水循环中最重要的环节，从气温到降水全面控制地球生态。做海洋守卫队员，就是守护生命、守护未来。

海洋吸收了将近一半的太阳辐射热能。洋流将温暖带到地球的各个角落。

航运承担了全世界90%的货运量。

海洋每年向全世界人民提供了多达1亿吨美味可口、营养丰富的水产品。

二氧化碳（CO_2）可溶与水，所以海洋还扮演了温室气体克星的重要角色。没有浩瀚的海洋这道屏障，全球气候变暖的步伐会加快不少。

海洋也是这个世界上最大的天然休闲娱乐场所。风光旖旎的马尔代夫、巴哈马等，仅旅游业一项即贡献了国民总收入的20%～25%。

海洋污染

海洋蔚蓝美丽、广袤无际，是我们每个人心驰神往的地方。然而几千年来，人类很少顾及海洋的生态，乱采滥捕、倾倒垃圾无所不为。古代社会全世界的人口数量还不是那么庞大，海洋还能够承受人类带来的破坏。然而今天，人口爆炸兼快速发展的工农业生产，已经使地球上所有生物最亲密的朋友不堪重负。

农药问题

美国国家海洋局研究发现，海洋污染物的 80% 来自大陆，其中就包括河流携带的大量残余农药。

“死地”

不少国家和地区对环境治理的重视度不足，人类日常生活产生的各种秽物都被直接排放到海里。与垃圾连通的海域水质污浊、水体缺氧严重甚至达到无氧的程度，从而变成生命的禁区——“死地”。

化学污染

有些工厂处理工业废料的方式非常简单：排入大海。铅、汞、各类酸碱物质等就是以这样的方式不断积聚，危害海洋生物的。

死神迷踪：排水管道

来自陆地的海洋污染物还有机油、漂白剂等，排水管道就是这类“大自然的死神”汇集的地方。

富集效应

下图展示污染在海洋生态系统食物链中产生的富集效应：

1. 原生动物进食过程中吞入污染物：化学微粒。

2. 原生动物被鱼类以及其他海洋生物大量吞噬，携带的毒素成功转移。

致命浮油

海上航行的船舶会泄漏燃油，油轮一旦出现问题泄漏的原油动辄上万吨，海底输油管道渗漏、海上采油平台井喷……人类给蓝色海洋制造了多种“油品污染”。浮油对海洋生命的威胁，广泛、致命而且持久。

- 误吞浮油对于在海洋中生活的动物来说，往往意味着承受无尽的折磨和痛苦的死亡。
- 浮油粘附水鸟的羽毛，与蓝天白云相伴的天使将从此彻底丧失飞翔的能力。
- 鸟的羽毛粘上浮油则保暖功能尽失，冻饿而死就成了必然的命运。
- 浮油遮挡阳光，所有利用光合作用制造养料、维持生命的海洋生物，只能在黑暗中死亡。
- 冲上海岸的浮油危害性也不小。没有多少陆生小动物能够适应喝油、沾油的生活，一经碰到必死无疑。此外油污会大面积杀灭海岸植被，造成土壤的散化和流失。

3. 海洋中的大型猎食者如大鱼、软体动物乌贼等吞食小鱼小虾，化学毒素快速积累无法排解。

4. 海洋中的一些顶级猎食者如鲨鱼等，体内蓄积的毒素浓度常常高出一般环境浓度的几百万倍。

水上杀手：塑料

做一名合格的海洋守卫队员面对的最大挑战之一，就是最棘手的白色污染之源——塑料。塑料发明之初，人们都以为改善生活质量的变革性材料已经横空出世：质量轻而且足够坚韧，造价不高足以普惠全人类。时至今日，塑料已成为人们谈虎色变的环境杀手，对海洋生态系统的负面影响极其巨大。

阵容庞大的塑料大军

环保组织 2015 年所做的一项调查统计表明，每年大约有 530~1400 万吨塑料垃圾流入海洋。如果 1400 万吨塑料全部用于制造奶瓶并密密匝匝地排成一列，这支奶瓶大军的队伍将绵延 4200 万千米——相当于在地球与月亮间折返 53 次的距离。

许多塑料制品如包装袋、一次性水杯等，使用短短几分钟后就被丢弃。然而这类垃圾在大自然中的降解过程非常长久，没有几百年时间不会消失。

流浪的垃圾大军

世界上最大的垃圾堆位于夏威夷群岛与美国本土之间广大的太平洋面上，废弃塑料、木渣裹挟种种人类制造的秽物，和波涛一起回转漂荡。根据美国海洋清理基金会估算，这一大片垃圾覆盖 160 万平方千米的海域，相当于 3 个西班牙国土面积的总和。

白色污染

塑料污染海洋的渠道很多，其中包括在河水内直接倾倒生活垃圾和通过城市排水系统等。科教记录片《蓝色星球 2》用镜头忠实体现了白色污染物——塑料对野生动物生命安全带来的严重威胁。

- 小动物常落入“塑料陷阱”，被塑料绳缠绕致死的悲剧每天都在世界各地上演。
- 塑料制品长期浸泡在水中会日渐裂解变成“塑料微粒”，从而进入海洋生态圈中的食物链，顶级猎食者包括食用海鲜的人类就成了最大的受害者。根据“海洋保育协会”的研究成果，每位吃鱼虾等海洋渔业产品的欧洲人，平均每年摄食“塑料微粒”多达 1.1 万枚左右。
- 色彩鲜艳的塑料袋、气球等漂浮在水面上，海洋生物当作食物吞食的现象屡见不鲜。这些垃圾既不能消化也无法排泄，胃内空间被占满的动物只有一个下场：那就是活活饿死。
- 塑料无腿无脚却能走出很远，我们随手丢弃后完全有可能飘洋过海污染彼岸的国家，给远方无辜的生命带去灭顶之灾。

在饥不择食的海龟眼里，塑料和水母没有任何区别，因此会不加分辨地吞咽下肚。

向塑料宣战

塑料危害全球各大洋的生态安全，向“白色污染”宣战已经刻不容缓。到目前为止，我们已经付出了很多努力并取得了不小成绩。但要让海洋的面貌彻底改观，我们还需要你的积极参与，从现在做起、从身边做起，与大家携手并肩，共同构建地球这个美好家园。

树立规范

近些年，一些国家的政府和公司先后制订了减少塑料产品日常消耗的方案。2002 年，孟加拉国率先禁止一次性塑料袋的使用。卢旺达、中国、摩洛哥等国陆续也采取了相应的措施。还有一些国家通过加征特别税、提高一次性产品使用门槛等手段，限制塑料消费。

2015 年，英国对塑料产品加征 5% 的销售税，塑料袋的销量直线下降 80%。

在肯尼亚，任何人使用、销售或者生产塑料袋，一经发现将面临 3.8 万美元的高额罚款或者长达 4 年的牢狱之灾。

2018 年，西雅图立法禁止塑料吸管、一次性塑料餐具的使用，是美国首个限制塑料的城市。

2016 年，法国立法禁止所有一次性塑料杯、盘、刀、叉等餐具的使用，该项法规于 2020 年生效。

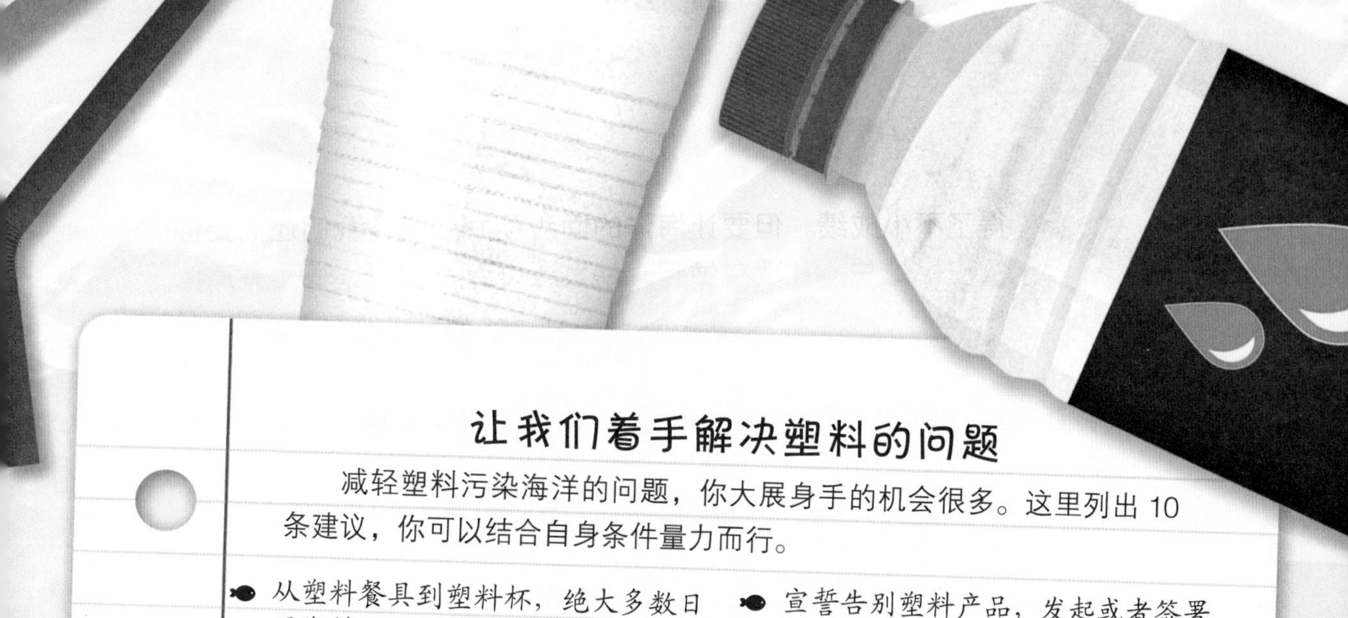

让我们着手解决塑料的问题

减轻塑料污染海洋的问题，你大展身手的机会很多。这里列出 10 条建议，你可以结合自身条件量力而行。

- 从塑料餐具到塑料杯，绝大多数日用塑料器物都是一次性产品。减少塑料垃圾最行之有效的办法，就是远离这类产品。

- 全世界一次性塑料袋的年使用量在 10000 亿只以上，折合每分钟使用 200 万只。出门购物时自备经久耐用的帆布袋、皮包等，告别商场提供的塑料包装袋。

- 仅美国一个国家，每天消耗的塑料吸管即多达 5 亿支。对塑料吸管说“不”，签名参与全民抵制吸管运动。你也可以在自己的生活圈子里发起类似的倡议。

- 要求别人先从要求自己做起。给自己准备一只耐用水杯，无论居家还是出门都带在身边，停止购买一次性塑料杯。

- 走在路上碰到垃圾包括废弃塑料制品，捡起来就近丢进垃圾箱，以免被风卷入或被水流冲入附近的河道。

- 购物时尽量选择塑料包装简单的商品。本地产蔬菜、水果等生鲜农产品的外包装纯属多余，建议直接购买散货。

- 宣誓告别塑料产品，发起或者签署民间倡议，号召政府和企业采取切实行动，减少塑料的生产、销售和使用。

- 拒绝含塑料微粒增白、增光剂的化妆品。每桶磨砂洁肤膏含 30 多万颗塑料微粒，这些既不溶于水也不会挥发的物质通过城市排水系统流入江河湖海，进而被小鱼小虾等水生动物误食，对大自然生态系统造成的破坏难以估量。

- 做一名 A+ 级别的“护海员”，每次去海边都不忘参与团队大扫除活动，积极清理水面漂浮物、捡拾沙滩垃圾。

- 搜集以塑料垃圾破坏海洋生态为主题的科普书籍仔细阅读，也可以上网浏览学习相关知识，扩大视野。

狂捕滥采

金枪鱼沙拉、鱼翅……海鲜上过我们每家每户的餐桌。味道鲜美、营养丰富，吃鱼在我们人类的眼里是天经地义的事。然而随着人口的爆炸性增长与人民生活水平的普遍提高，如果再不采取有效措施加以保护，再丰饶的食物资源也会被吃光。

过度捕捞

由于海产市场需求量大，过度捕捞的情况在全世界各大海域都不罕见。由于绝大多数经济鱼类等都有集群生活的习性，过度捕捞往往导致种群的大幅度萎缩，进而破坏海洋的生态平衡。因为根据我们已经掌握的知识，一种鱼类的缺失，往往会导致食物链两端的生物数量失衡——“生产者”由于失去制衡而过度繁衍，“消费者”则因为食物来源枯竭而面临生存危机。

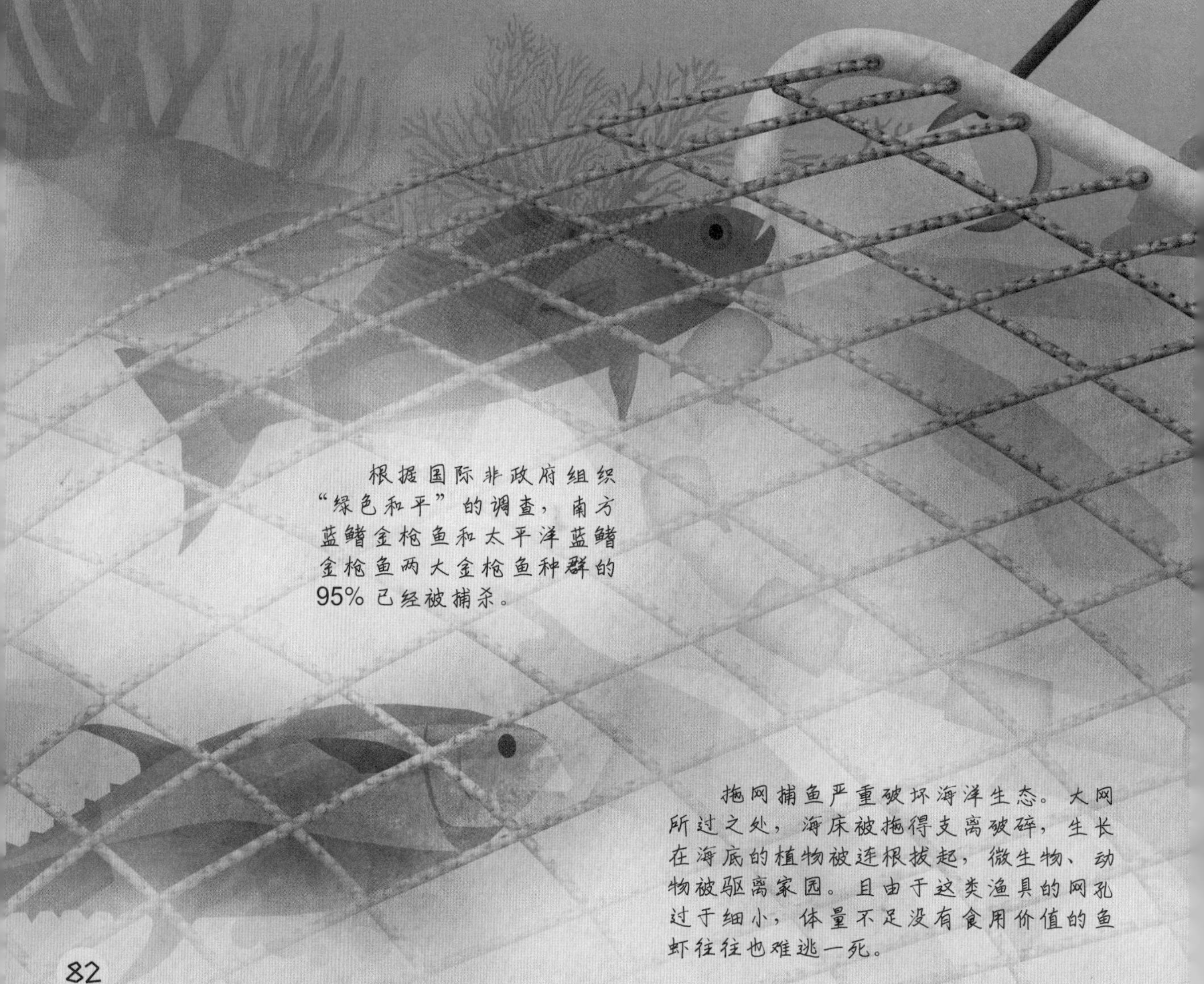

根据国际非政府组织“绿色和平”的调查，南方蓝鳍金枪鱼和太平洋蓝鳍金枪鱼两大金枪鱼种群的95%已经被捕杀。

拖网捕鱼严重破坏海洋生态。大网所过之处，海床被拖得支离破碎，生长在海底的植物被连根拔起，微生物、动物被驱离家园。且由于这类渔具的网孔过于细小，体量不足没有食用价值的鱼虾往往也难逃一死。

拒绝鱼网

捕捞业中流行一句行话："混获"，即无心捕获的渔业产品。混获是无差别狂捕滥采的代名词，一次捕捞作业，混获常达捕获物的40%以上。以下是世界野生动物基金会提供的每年混获量调查数据：

- 鲨鱼1亿条
- 棱皮龟、赤蠵龟25万头以上
- 海豚、小型鲸类等海洋哺乳动物30万头以上
- 海鸟不计其数

面对如此可怕的事实，你能做什么呢？——拒绝大批量上市的网捕海洋产品，拣选海钓渔业产品购买和消费。海钓既可以避免误捕现象，又不会破坏海底生态环境。

珊瑚礁的命运

珊瑚礁占据的海域只占全球海洋总面积的 0.1%，但就是这一小块区域孕育了 25% 的海底生命。仅澳大利亚的大堡礁一处，就是 133 种鲨鱼、1625 种普通鱼类、3000 种软体动物（海贝）的家园。别看珊瑚礁生机勃勃，生态环境其实很脆弱。如果珊瑚死亡，千万种生物都将面对灭顶之灾。

珊瑚挽歌

根据世界野生动物基金会的研究成果，分布在世界各处的珊瑚礁生态环境都遭受到不同程度的破坏，其中 25% 不可逆转，另有 2/3 处于濒危状态。二氧化碳的大量排放导致海水酸度日益升高，这是近海生物大面积死亡的主要原因。此外，海洋生态环境恶化还与以下因素有关：

海底作业如拖网捕鱼、采矿等搅动沉积层、破坏地貌，对珊瑚的生存有直接危害。

游客肆意损毁珊瑚群落、采摘或者购买绚烂多姿的珊瑚枝，这是践踏小生命、破坏海洋生态系统安全的不良行为。

一些利欲熏心的渔民用爆炸、投毒的方式提高捕鱼效率，珊瑚无辜受累，成为最大的受害者。

你可以做什么？

你的居住地也许距离大海很遥远，但这并不意味着你的生活与珊瑚无关。可以采取以下一些措施，为保护海洋生态环境贡献自己的一份力量。

- 在密布珊瑚的海域潜水、游泳时，肢体动作要和缓轻柔，谨防手脚触碰珊瑚枝。
- 不买任何珊瑚装饰品、纪念品，没有买卖就没有杀害。不要以为你购买的只是死亡的珊瑚商品，是你的购买行为催生了杀戮、撑起了庞大的采捕产业链。
- 节约能源，遏制全球气候变暖的节奏。
- 节约用水，尽量少制造生活垃圾。人类活动是海洋污染之源，缩减排放量意味着天更蓝、水更清，珊瑚也能健康地成长。

黯然失色的珊瑚

珊瑚本来是一种浅海小动物，靠寄生体内的小黄藻提供的营养为生。珊瑚五彩缤纷的颜色，也是小黄藻赐予的。小黄藻对水温非常敏感，气候变化或者海水热污染都可能导致这种微型植物大面积出逃。失去小黄藻的珊瑚都会变得黯然失色。如果生态环境及时得到改善，枯瘦的珊瑚还有一线生机，但彻底恢复需要的时间非常漫长，且有很大的不确定性。

海滩一日

漫步柔软的沙滩、呼吸清新的空气，是我们每个人都向往的美好假期生活。然而，如果我们过度地放纵自己、丝毫不顾环境保护，那么我们的快乐旅行也许就会变成海洋的灾难。作为海洋守卫队员，我们应该以身作则，坚持做到以下几点：

防晒霜

躺在沙滩上享受海风和阳光，这确实是一件惬意的事。不过阻挡紫外线的防晒霜保护了人体的健康，却给海洋生物带来了灾难。其中所含的成分之一，羟苯甲酮，只需要微量级别就能杀伤珊瑚虫。购买防晒霜时一定要察看清楚用料配方，摒弃含有羟苯甲酮、奥西诺酯、奥克立林等成分的产品。

防晒霜施用不宜过量且应小心谨慎地涂抹，一点一滴都不能溅落到海水里。

带往海滩的食品不要用一次性塑料盒、袋封装。即使你有强烈的环保意识不会随意丢弃垃圾，但一场风就能把轻飘飘的包装物吹进海里。

清理海滩垃圾

如果你家距离海边比较近，请积极参与海滩大扫除活动。你可以去社区服务中心咨询本地类似活动的安排日程，或者上网查询每年都要举办一次的“国际海滩清扫日”活动，有机会的话尽量参加。海洋保护协会倡议发起的“国际海滩清扫日”活动开展30余年，参加人次达1200万，清理的垃圾超过1亿千克——也就是3700头座头鲸的重量。

漫步海滩时，把拣拾垃圾排到你的必修课里。花上半小时时间，把碰到的垃圾都收集起来并送到附近的垃圾站（拣拾时戴上手套，注意安全）。

不要惊扰贝壳，因为壳体里可能住着小生灵！

小沙丘能乖乖地待在哪里，这主要得归功于良好的植被——草木的毛根将散沙牢牢固定起来，所以才会风吹不飞、水冲不走。海滩散步期间要爱护这些草木，既不攀折也不踩踏。

切忌投喂海鸟或者向海水中抛撒食物，不要用你的“慷慨”伤害它们。

第六章

做森林的朋友

除了极寒的不毛之地南极洲，全世界各大洲都长有树木——热带低气压带有密不透风的雨林；副热带高气压带有稀树灌木林；亚寒带气候寒冷，也有苍松翠柏密布的原始泰加林……我们蓝色星球的陆地部分森林覆盖率达30.8%，林木资源相当丰富。然而，病虫害、环境污染和乱砍滥伐等问题，正在蚕食原本广阔无垠的绿色地域。森林正处于危机当中，让我们挺身而出，为分布在地球各个角落的绿色巨人撑起一片蓝天。

又是乱砍滥伐惹的祸！

人类对木材的依赖由来已久。烧水做饭、冬季取暖、古方制药、盖房造纸……木头的这些功用，我们耳熟能详。加上毁树开荒造成的人进林退现象等，我们周围的原始森林正在以惊人的速度消退。依照“野生动物保护协会”提供的数据，地球每分钟失去的森林面积相当于 27 个足球场，生态安全因此大受影响。

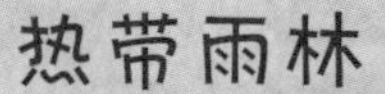

热带雨林

赤道附近的热带雨林是大自然的奇观，那里气候温热，动物聚集、植物茂盛，物种的多样性体现得淋漓尽致。巴西的亚马孙原始森林是世界最大的热带雨林区，面积比两个印度还大。根据科学家的估算，那里的大树有 3900 亿株以上，而大片区域迄今为止还是人类从未踏足的处女地，每年仅新发现的动、植物种群，就有 10 余个。

三趾树懒是亚马孙森林里的特有物种之一，一生中绝大部分时光都在倒悬大树枝头、偷懒打瞌睡中度过，唯一的“剧烈”运动就是每周下地大小便一次。

树木生长的奥秘

树叶中富含叶绿体，一种植物特有的，能够借助光合作用将水和二氧化碳合成有机物的细胞内结构体。植物拥有源源不断地为自己制造养料的能力。

树木之所以能不断长高变粗，就是因为能吸收空气中的二氧化碳并将其转化为有机物（生物体都是有机物构成的）。一株大树每年吸收的二氧化碳，有 22 千克左右。

大树——小生命的摇篮

无论是在大森林，还是在你家附近的街头，树木给我们带来的福利可绝不止于吸收温室气体——二氧化碳。

树木为不计其数的小生命提供了最温情美好的家园。根据英国皇家园林的统计研究，一株大橡树可以养活的小动物，从松鼠、椋鸟到飞蛾、蜘蛛等，多达 500 余种。

落叶、残花、果实等堆积树下，对居住在这里的小动物来说既是温床又是粮仓。蜗牛、蜘蛛、蜈蚣、甲虫在叶隙间穿梭，以这些小虫子为食的鸟类又可以大快朵颐。当然，小鸟并不是这里的顶级猎食者，还有刺猬驻扎在此。由此可见，一株树在四季轮回中，不知不觉间创造了一套复杂完整的生态系统。

粗壮的树干更为无数小虫子扮演着高楼大厦的角色：在树干中孵化、成长，不用为食物和风雨发愁。唯一的问题是：稍不留心，就会沦为啄木鸟、蜥蜴、鼩鼱等擅长在树洞中觅食的大动物嘴里的美食。

树木根系发达，根须常在地下绵延几十米，除了吸收水分、摄取营养保障自己的成长发育之外，还能起到储存人类制造的污染物、净化自然环境的作用。

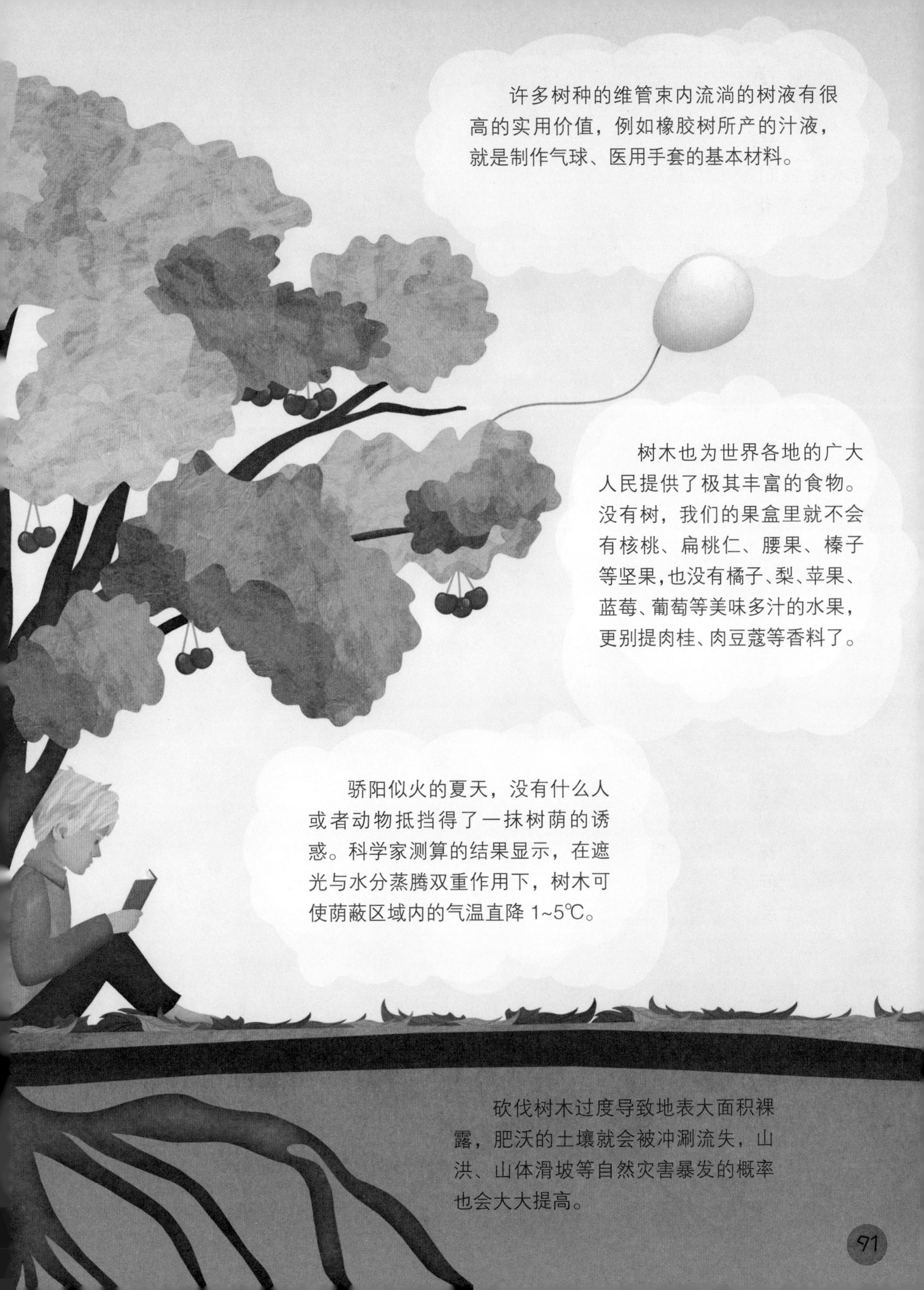

许多树种的维管束内流淌的树液有很高的实用价值，例如橡胶树所产的汁液，就是制作气球、医用手套的基本材料。

树木也为世界各地的广大人民提供了极其丰富的食物。没有树，我们的果盒里就不会有核桃、扁桃仁、腰果、榛子等坚果，也没有橘子、梨、苹果、蓝莓、葡萄等美味多汁的水果，更别提肉桂、肉豆蔻等香料了。

骄阳似火的夏天，没有什么人或者动物抵挡得了一抹树荫的诱惑。科学家测算的结果显示，在遮光与水分蒸腾双重作用下，树木可使荫蔽区域内的气温直降 1~5℃。

砍伐树木过度导致地表大面积裸露，肥沃的土壤就会被冲涮流失，山洪、山体滑坡等自然灾害暴发的概率也会大大提高。

神圣的护林使命

作为森林的朋友，你的核心使命就是保护好身边的树木。节假日打点好行装（例如穿戴好防护服、准备一些必要的纸笔及植物学方面的科普读物等），深入小区绿化带、附近的公园甚至周边林场研究树木的品种、外观特征、生长规律等，为你的护林工作打下知识基础。

描摹识树

见到不认识的树种，你可以把树干、树叶的形状画下来，并用描摹的方式记录表面质感：找一块白纸（废纸也能用，只要有一面无字迹污渍即可）贴紧树叶或者树皮，用蜡笔或者软铅笔轻轻摩擦，直到纸面上出现清晰完整的图案为止。注意描摹树叶时，叶下要垫平整光滑的硬物。

我们平时看到的树种并不多，但树是植物中的大家族，全世界共有6万余种。去图书馆找本植物志之类的书籍，实地观察与书本知识相结合，探索研究本地树种的特点。当然你还可以上网搜索，足不出户照样能看到海量信息。

做一名护树神探

找一大张纸折叠好夹到笔记本里，再带一支笔出门调查周边树木的分布情况，并根据相互间的位置关系绘制一幅以你们家为中心的地图。剩下的就是规划自己的工作日程，做好以下所列事项：

- 你眼前的树有哪些外观特征？是一根粗壮的树干顶着巨大的树冠，还是纤细高挑？精心勾勒一幅轮廓图，这个过程有助于加深你的印象。
- 接着仔细观察一下细部特征：树皮是粗糙还是光滑？如果时间充裕，你还可以描摹一下树皮。
- 你的树开花结果吗？如果不长水果，是否会挂坚果、荚果之类？把观察到的具体情形画下来。
- 树叶的形状你看清楚了吗？捡一片落叶夹到你的笔记本中作标本，或者按前面交待的方法做一套印模（描摹正反两面）。不过切记不可采摘长在树上的叶子。
- 耐心观察围绕你的树形成的“微型生态系统”：有哪些昆虫或其他类别的动物伴树而生。
- 回家后上网检索或翻阅家中图书，看你探索的那株树名称是什么，有哪些你不知道的生物学特征。最后归纳总结一下：你们当地最常见的树种是什么？

网上领树计划不少——花一些钱，即有公益组织替你种下一株树苗，精心呵护直到长成大树。上网搜索相关项目，或者直接联系本地相关活动的组织方并积极投身其中。让我们携起手来，守护树木朋友。

危机中的大树

把普通树木当珠宝一样珍爱，这样的念头似乎有些荒诞。现实情况是，全世界每天都有上千万株树被无情砍伐，全年累计超过 150 亿株。当然，有些树砍掉后得到了及时补种，但大片林地被直接荒置的情况并不罕见。也就是说，我们地球的森林覆盖率每时每刻都在变小，并且是加速变小……

森林是如何被吞噬的？

环境污染影响植物的生态安全，例如酸雨会导致树木大面积枯死，此外全球每年都会发生的山火事故，或多或少都会损毁一些林地。然而造成森林大面积萎缩的主要原因并不是这些，而是人类日益膨胀的木材需求。在某些地区，圆木依然是主要建筑材料；我们每天都在使用的纸张，绝大部分是用木头加工制作而成的；在食品加工、能源供应市场上占据重要位置的棕榈油，都是以毁坏原始森林培植人工棕榈林为代价的。人类开荒种田、筑路造城、兴建工业基地……都会对森林造成破坏。

灾难性后果

树在维持大自然生态平衡方面的作用如此之大，大面积损毁会带来怎样的后果，不难想像。森林面积减少导致大气层中二氧化碳的浓度急剧增加，依赖森林环境生存的动植物乃至人类也会永远失去美好的家园。历史见证了太多郁郁葱葱的森林地带变成不毛之地的悲剧，这样的悲剧时至今日还在上演。

过去的100年里，全世界猩猩的数量锐减过半，它们的栖息地——森林遭到破坏是主要原因。

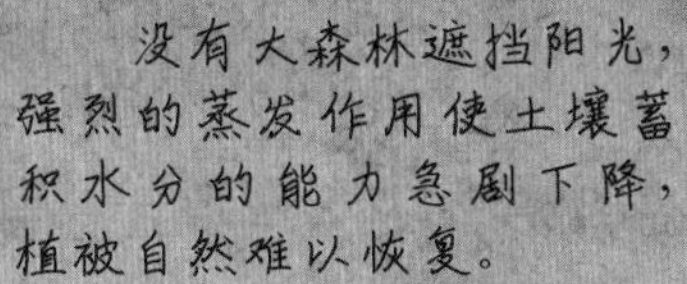

还大地绿色

希望的曙光已经出现。一些国家的政府或者非政府组织认识到问题的严重性，开始大张旗鼓地开展护林运动，竭尽全力遏制“人进林退”的步伐。根据联合国发布的数据显示，越南、古巴现在的森林覆盖率，与1990年相比提高了55%；非洲国家乌拉圭，同期森林面积扩大1倍之多。

林间漫步

你们家附近有林地甚至大山林吗?如果有的话，千万不要错过大饱眼福的机会。认认真真开展一次森林之旅，看看大自然的怀抱里有哪些你平时根本看不到的树种。

出行必读

亲近大自然的最佳方式，莫过于林间漫步。很多国家都有森林保护区，上网搜索一下你所居住城镇附近的森林公园，动员你的父母或者老师和同学，一起行动起来吧!

- 穿行林间小道，大树和花草令人心旷神怡。但是美好的一切都需要精心呵护。切记不要丢弃任何垃圾，并且将沿途碰到的任何遗物、废品收集起来，投入附近的垃圾箱。
- 注意路牌，不要偏离规定的路线，以免踩踏花草、破坏公园设施，甚至导致迷路，发生影响人身安全的不测事件。
- 不要攀折花木、采摘树叶或者野果。如果你想留点纪念品，拍几张照片或描摹几张树干、树叶的印模(方法参见本书第92页的说明)。
- 还有一种变通办法。公园入口处一般有纪念品商店，你既可以买到心仪的礼物，支付的钱还有可能被用于清理环境、养护森林、维持公园各项工作的正常运转。

每年的3月21日被联合国确定为“国际森林日”，3月12日是中国的植树节。每年的大概这个时候，社区或者学校都会举办一些有意义的植树造林等环境友好活动，尽可能地参与进来吧!

森林大火

自然现象比如雷电等引发森林（草原）大火的现象自古以来就不罕见，但人为灾难也不容忽视。2017 年美国林务局所做历年山火发生情况的统计显示，大约 120 万起火灾都是人为因素导致的，其中包括恶意纵火、野营失火、垃圾自燃、火炬溅落的火星引燃失控等。“水火无情”，火灾一旦发生就会迅速蔓延，大量来不及逃走的飞禽走兽都会葬身火海，更别说森林里面的花草树木了。同样是在 2017 年，葡萄牙一场大火烧掉了 3000 万株大树。

切忌在大树、灌木下或者草丛间生火；营火也要严格控制火势，防止过旺引燃附近的草木。生火要选择开阔地点，易燃物越少越好。

发现不明火源或者看到火势失控，马上向当地消防部门报警。

节约纸张

全世界人每天使用的纸张加起来是个天文数字，浪费现象更是惊人。要知道使用最广泛的造纸原料就是木材，生产的纸张越多，我们的地球就越苍白。

仅为满足造纸需求，全球每年砍伐的树木即多达40亿株，占工业伐木总量的40%，且这一比例呈不断上升的趋势。

算一笔纸张消费账

欧洲人平均每年消耗160千克纸制品，其中印刷、书写用纸只占一小部分，大部分为包装纸袋、餐巾纸、面巾、厕纸等。一株育成的普通树砍伐后加工而成的纸张，可以制作700个纸袋。这个数字看上去不小，但放到超市里也许连1个小时都支撑不下来。

另外加工纸张需要消耗大量的能源和水，还涉及多种有害化学添加剂的使用。现代造纸工艺每生产1页A4纸，标准耗水量即达5~10升；能源消耗同样惊人：从伐木到纸制品出厂，造纸产业耗去人类开发利用的各类能源总量的4%！

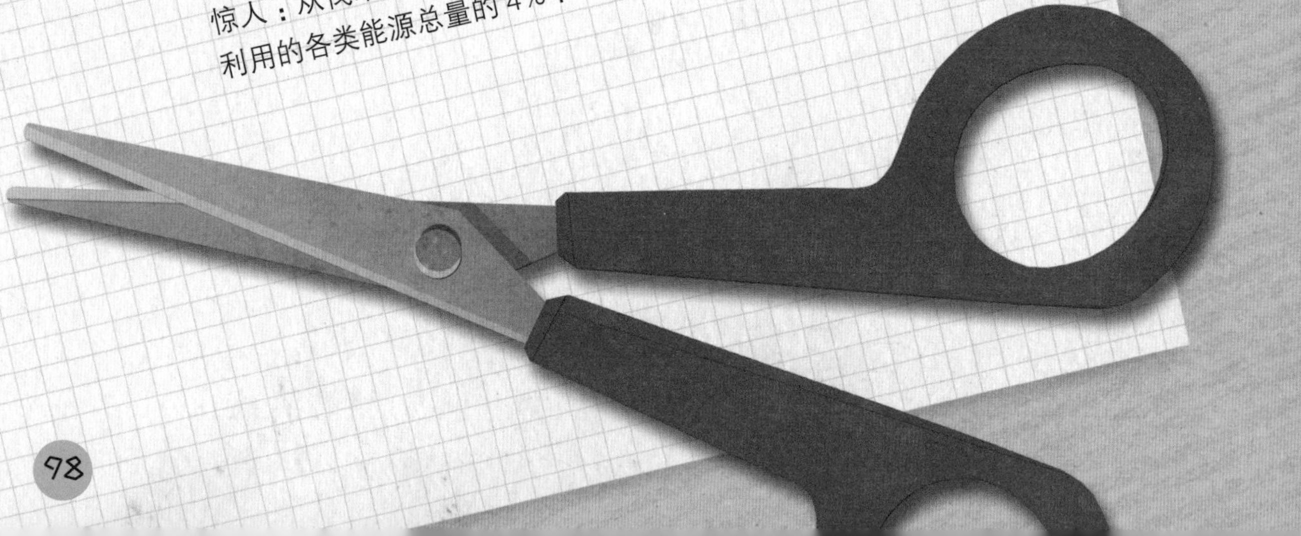

回收废旧纸品确实能拯救地球。每回收907千克废纸，等于挽救17株大树的生命，同时节约2.65万升水、1400升油和可供一个普通美国家庭使用5个月的电。

不能再熟视无睹了！

也许你已经行动起来，在家、在学校搜集回收了不少废旧纸张。但是我们面对的是一项艰巨又复杂的任务，时刻都不能松懈——除了身体力行减少纸的使用量之外，还有许多值得做的事情。

- 书刊的电子版比纸质版更便宜，养成上网阅读的习惯更环保。
- 专买再生纸制品，即用回收的废旧纸张加工生产的商品。
- 如果你有读书的爱好，常去图书馆是满足精神需求的好办法。你还可以组织或者参与“读友会”，通过交换而不是随意购买来阅读。
- 如果你使用的打印机有双面打印功能，请不要让纸单面留空；你还可以通过缩小正文的字号、调整版面的页边距，进一步扩充纸面容量，避免铺张浪费。
- 购买或者亲自动手制作一面精美的写字板摆放到家中合适的位置，做笔记、写留言比贴条更便捷、醒目，随用随擦既可节约纸张又可减小家庭开支。
- 只要及时清洗，手绢也能保持洁净并帮助你维护个人卫生。告别卷纸、抽纸、各类纸巾等纸质清洁用品！
- 如果你们家的信箱每天收到不少垃圾邮件，向父母提点建议，让他们适当减少订阅量。
- 将废纸收集起来，切成大小差不多的纸片，整整齐齐码放到房间一角，攒够一定数量即带到附近的垃圾回收站出售。

种下一株树

帮助树木的最佳方式，除了种树还有别的吗?没有了!如果你们家的生活空间有限，没有庭院供你发挥，你还可以倡议校园植树活动。许多公益机构免费或者在收取象征性费用的基础上提供树苗，你完全可以利用这些现成的渠道让你的学校、社区变成一个小树林!

从挖树坑开始

种树的最佳季节一般是春季或者秋季。别看你手中树苗细小纤弱，但在漫长的生命旅程中它会一天天长高、变粗，所以种树时首先要做精细规划，硬化地面时要预留足够容纳粗大树干的空间。

栽种前先仔细观察树根的大小，挖出的树坑深度要略大于根长，内径要比树根外廓大 2~3 倍。移动树苗的办法是手托保护须根的土球，而不是直接提拉脆弱的树干或者树枝。种树过程最好由两个人合作完成，其中一人负责将树苗放置到树坑的正中并保持树干与地面垂直，另一人负责培土并施放农家肥。树根部分完全埋入地下后踩实土壤并浇水到整个土层完全湿透。如果你的树苗高度超过 1 米且树冠较大，插 1~2 根固定杆并与树干绑缚到一起，防止小树苗被大风连根拔起。

新栽的小树跟初生的婴儿一样，需要我们精心呵护。养护要诀是及时、适量浇水（雨季酌情减少浇灌次数），随时清除树下 1~1.5 米范围内的杂草。你还可以围绕树干铺设一层有机肥料，保土蓄水、提供养分。

从一粒种子到长成参天大树

2007 年，一位名叫菲利斯・芬克拜纳的德国小学生提交了一份家庭作业，呼吁全社会行动起来，多种树木营造绿色生活环境。小芬克拜纳的作业不仅被要求在学校内当众宣读，也在周边学校及社区产生了不小的影响力。4 年后，由小芬克拜纳倡议发起的“植树造林保护地球儿童会”成立。截至 2019 年 2 月，该公益组织累计种树已达 136.1 万株。

第七章

野生动物守护者

我们的地球是个生机勃勃的世界，动植物种类数不胜数，这也是我们的蓝色星球的魅力所在。但是，野生动物灭绝的速度在加快，需要我们伸出援助之手。

生物多样性与我们每个人息息相关

我们地球上的动物、植物、微生物等形成的复杂生态系统叫作“生物多样性”。地球生态系统的健康发展，取决于多样性的有效维持（参见本书第 8~9 页）。一个小型闭环生态系统中活跃的生物可能不止千百种，每一种都在扮演特定的且至关紧要的角色。

同一生存环境下，生态平衡靠物种的多样化来维持。通过前面的阅读，我们已经知道“食物链”是不同物种相互关系的基本内容，所以完全可以说我们人类也是依赖于大自然才能生存的。可悲的是，生物多样性正面临全球威胁。

物种越丰富，生态越健康，对抗环境恶化带来的灾难性后果的能力也越强。

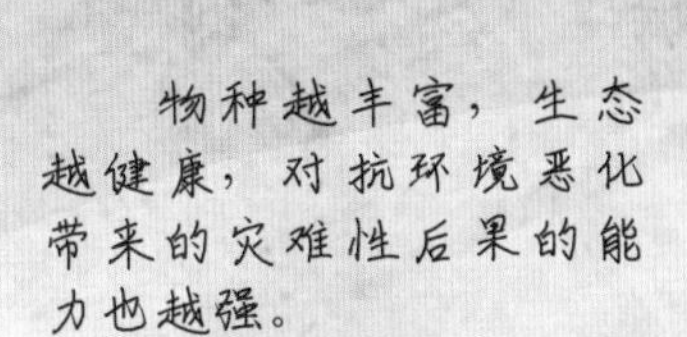

你知道哪些物种？

地球上生物学家已经认定的物种，就有 175 万种；但是世界太大，人类远未涉足的地方太多了，新物种还在不断地进入大家的视野。以下为全球已知的动植物种类：

- 哺乳动物：5400 种。
- 昆虫：90 余万种。
- 鸟类：从小小的蜂鸟到高大壮实的鸵鸟，多达 1.09 余万种。
- 蛛形纲动物（常见的有蜘蛛、蝎子等）：102248 种。
- 爬行动物：10793 种。
- 开花植物：26.8 余万种。
- 蕨类植物是不是都长一个样子？这么想的话就太简单了！这一门类的植物，迄今发现的已经超过 1.05 万种。

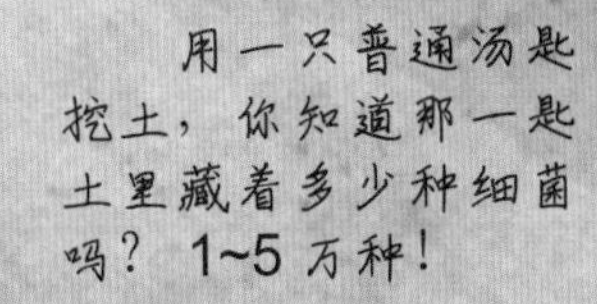

濒临灭绝

我们地球有高山、有平原，有茫茫的沙漠，也有碧波荡漾的江河湖海。千姿百态的生物，更为我们缔造了迷人的风光、美好的生活。然而，由于人类自身的不当行为，大自然中的生命正日渐衰落。根据世界野生动物基金会的统计，仅 1970—2012 年间，全球生物总量骤降一半。

曾经的美洲最常见动物——旅鸽，已经被人类猎杀殆尽。1914 年，世界最后一只旅鸽——玛莎，在一处公园里永远闭上了眼睛。

永远消失

权威机构宣布近期内灭绝或者濒临灭绝的动物有：

金蟾蜍

生活在哥斯达黎加的金蟾蜍是 2004 年宣布灭绝的。自 1989 年之后，就再没有人见到过这种动物。根据生物学家的分析，森林面积大幅度萎缩、气候变化和疾病交相作用，导致这一物种彻底消亡。

加勒比僧海豹

它们是加勒比海曾经的旺族，由于被人类过度捕捞而淡出地球生命舞台，宣告灭绝的时间是 1994 年。

白鳍豚

过度捕捞、水污染、触碰过往船只的螺旋桨、误落渔具被拖拽导致窒息等多种因素，造成了这种淡水哺乳动物灭亡的悲剧。白鳍豚最后一次出现在人类视野中的时间是 2002 年，这个物种很可能已经灭绝。

北方白犀牛

最后一只雄性北方白犀牛死于 2018年，如今地球上剩下2只雌性。北方白犀牛的灭绝，完全是拜人类的贪婪所赐：仅为获取黑市价格昂贵的犀角，这种动物便被屠杀殆尽。

极度濒危物种

“世界自然保护联盟”列出了一份濒危动物清单，涵盖的动、植物多达 2.5 万余种。

- 白领美洲鸢是巴西 164 种濒危鸟类中的一种。
- 分布在中国、俄罗斯的远东豹，现存不到 100 头。
- 澳大利亚特有的山袋貂，仅剩不到 1000 只。
- 僧海豹现在只有居住在土耳其、希腊近岸的不到 500 头。
- 全球最珍稀哺乳动物——小头鼠海豚，现在仅余 30 头还在加利福尼亚近岸一带生活。
- 在非洲低地大猩猩自 1990 年以来锐减 75% 以上，目前整个种群的数量不足 4000 头。

失落的家园

家园被毁是野生动物灭绝的主要原因。从热带雨林到温带湿地，人类为了争夺土地、食物、矿物等各种资源，动物栖息地被侵占的悲剧每天都在上演。

城镇的扩张

根据联合国公布的数据，目前世界城镇人口已经达到 42 亿——与 1950 年相比增长了 5 倍有余。新城镇在不断涌现，旧城镇又在天天扩张，自然界大小生物曾经的乐园，就这样被人类侵占。

支离破碎的栖息地

人口的急剧增长和生活水平的提高，意味着农业生产规模的扩大，更多土地被农田占用。大型野生动物特别是大型猫科动物如虎、狮、豹等需要广大的猎食区域（动物的领地），领地被分割意味着活动范围受限，必然导致饥饿、死亡和生态链的断裂。人兽杂居环境下，有些动物在饥饿的驱使下迫不得已侵入人类的生活圈，最终招致杀身之祸。

湿地哀歌

湿地指水体与陆地交织的地方，例如沼泽、河口三角洲地带等。湿地生态环境相对优越，草木繁盛，物种繁多。然而无所不至的人类活动，使大量湿地变成了城镇、工厂、农场。最近 120 年来，全世界 2/3 以上的湿地就这么无声无息地消失了。

大坝，还是恶霸？

截流蓄水是以淹没大片土地为代价的，洪水所到之处，各类生物无不遭受灭顶之灾。另外坝体横建于江流之上，隔断鱼类洄游路线，繁衍都成了问题。除了这些直接影响，水坝还会产生一些次生灾难。如原本可以顺流而下的枯枝败叶等被拦在坝内，腐败过程中消耗大量的氧气，使整个库区变成生命禁区。

从林中家园到荒野坟墓

根据世界野生动物基金会发布的数据，我们的地球上每年被砍伐的森林总面积达 7.56 万平方千米，折算到每分钟有 27 个足球场的林木被一扫而空。仅巴西一国，由于原始热带雨林被大面积破坏，近 15 年来物种灭绝风险提升了 3 倍，600 余种生物的命运岌岌可危。

不再宜居的栖息地

有些栖息地虽然没有被夺占，但由于受周边人类活动的影响而不再适合动物生存。例如为了加深海底，提升港口吞吐能力，人类不惜破坏浅海动、植物亿万年来繁衍生息的温床，被无情屠杀、活埋的生物不计其数。

犯罪活动猖獗

如今，宠物交易、器官贩卖是珍稀物种生存的最大威胁。这些行为会导致外来物种入侵、外源性瘟疫等严重破坏生态安全的现象发生。

宠物和盗猎

动物保护日益受到全世界的重视，几乎各个国家都先后颁布了珍稀物种的禁猎法规。然而，利益的诱惑之下，野蛮捕杀行为从来都没有停止。根据联合国环境计划署发布的数据，野生动物年均交易案值达 230 亿美元——如此庞大的利益链，对全球生态环境意味着什么？

野生动物一旦沦为宠物，就意味着牢笼生活、营养缺失和短命。

象牙饰品是用大象、海象、鲸等陆生、水生动物的长牙加工制作而成的。象牙交易导致非洲大象的数量在 2010—2012 年不到 3 年的时间里锐减 10 万头。虽然保护措施近年有所加强，但基于象牙交易的猎杀并没有消失，平均每天有 55 头大象因此死去。

许多珍贵而美丽的动物因为自己的皮、毛而惨遭杀戮。毛丝鼠的毛柔软顺滑，它们因此也差点灭绝。制作一件毛丝鼠毛的大衣，就得夺去 150 只毛丝鼠的小生命。

一些国家和地区流行的古老传统医术拿动物器官、部分或者全部植株入药，这也是造成无情杀戮的一个重要原因。如虎、豹、犀牛等，至今还因此频频被猎杀。

恐怖的入侵物种大军

通过各种非正常渠道侵入特定生物圈的外来物种缺乏天敌的制约，会破坏生态平衡，引起环境灾难。如果外来物种具备超强的繁殖能力，后果更是不堪设想。早先藏在探险队船舱中周游世界的老鼠，落户沿途小岛之后迅速泛滥成灾，无所不吃、见物就啃，酿成草木遭殃、鸟类灭绝的悲剧。

入侵动物如此凶悍，入侵植物也是一样。野葛是亚洲原生藤蔓类植物，进入美洲后每天疯长 30 厘米，所到之处其他植物都被杀死，截至目前已侵占了 809 平方公里的土地。

20 世纪 30 年代，澳大利亚引进 2400 只美洲巨蟾蜍放生，用于消灭严重危害甘蔗等农作物生长的害虫。今天，澳大利亚的美洲巨蟾蜍阵容已经扩大到 2 亿只以上。这种两栖动物体表涂满毒黏液，因此成为本地物种的无情杀手。

你能做什么？

野生动物交易、外来物种入侵导致的灾难性后果触目惊心，不过你还可以采取下列行动，让野生动物们的生存环境更加安全。

- 劝告家人、朋友远离异国动物交易市场，喜欢宠物完全可以选择本地物种，购买、领养都可以。
- 不私自放生任何外来物种。
- 不买任何用濒危动物器官制作的装饰品，如象牙、皮草、海龟壳等。
- 发现个人、组织、商家等售卖违禁宠物、动物器官等，请大人核实并通过官方渠道进行举报。
- 保护濒危野生动物，人人有责。签名支持官方、民间发起的打击猎杀、走私等违法犯罪行为的各项活动倡议。

野生动物保护运动

除了伤害，还有呵护，我们的大自然里并非哀歌一片。许多环保人士已经行动起来，追寻珍禽异兽的踪迹、构建野生动物的安全栖息地，为濒死挣扎的物种创造美好的明天。

发出你自己的声音

永远不要小看你自己，还有你的朋友们，众人拾柴火焰高。2016 年经 50 余万民众联名请愿，欧盟决定对大量野生动物栖息地继续推行严格的保护措施，其中包括大片湿地、草滩。此外，经各方人士多年坚持不懈的努力，中国政府已于 2017 年立法禁止象牙买卖，这对于生活在世界各地的大象来说绝对是个好消息。

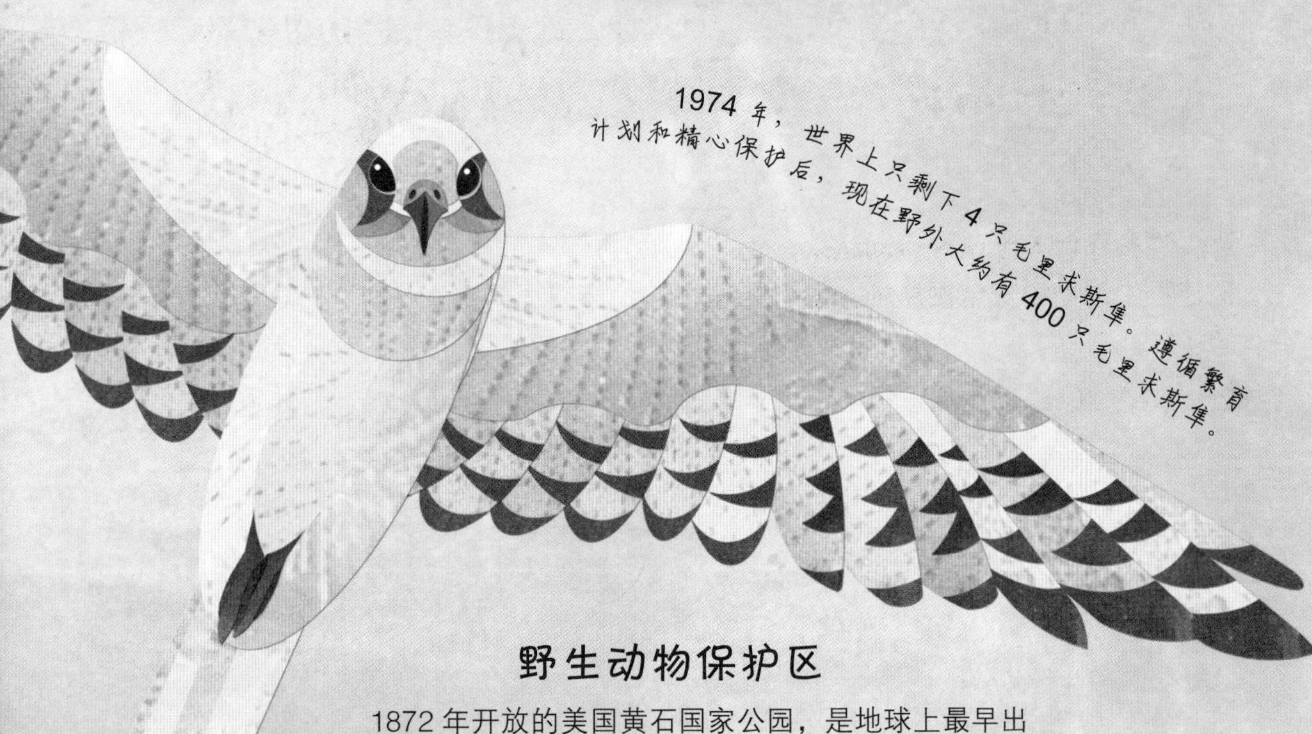

野生动物保护区

1872 年开放的美国黄石国家公园，是地球上最早出现的超大规模动物保护区。现在，全世界类似的保护区已经增至 20 余万处，联合国估算陆地上的保护区覆盖率已达 15.4%、海洋则达 3.4%。这些保护区打击盗猎行为，防范垃圾倾倒和污染物排放，为保护环境做出了卓越的贡献。

采取措施

登录动物保护组织的官方网站，参与网上慈善活动，阅读工作手册，签名支持一些倡议。

认养一只动物。不少公园和动物保护组织，包括世界野生动物基金会、野生动物与海洋保护者组织等，都设立了个人参与动物保护的项目。发起班级公益活动，倡议全班同学齐心协力认养一只野生动物。

参观本地自然保护区，了解工作人员的职责、日常活动等，看看有没有参与其中，伸出援手的机会。

“蜜”切关注

蜜蜂不仅是一种可爱的小动物，更与大自然、与人类的命运密切相关。然而面对日益恶化的生存环境，蜜蜂自己的命运却变得越来越坎坷，种群数量日渐减少。蜜蜂需要你的保护！

为谁辛苦为谁甜？

花间飞舞的蜜蜂，腿足、躯干各处携满花粉，在搜寻花蜜的同时完成授粉任务，为植物繁衍下一代工作提供了重要帮助。根据权威机构做出的调查统计，蜜蜂协助传播花粉的农作物达 100 余种，其中包括大豆、苹果、蓝莓等。可以这么说：如果世间没有蜜蜂，我们就不会有丰裕的食品。

一些蜜蜂的后腿自带“提篮”，采集花蜜的过程中花粉会装得满满的。

蜜蜂为什么处境艰难？

丧失栖息地和农药的大量使用，是蜜蜂每天都要面对的死亡陷阱。与 20 世纪 30 年代相比，英国鲜花盛开的草地在不到 90 年的时间内丧失了 97%。没有了花朵，蜜蜂就没有了食物。

可怕的杀虫剂

新烟碱类杀虫剂在现代农业中广泛使用。这种被喷洒到植物全株上的有毒物质，除了能杀灭害虫之外，蜜蜂、蝴蝶也难能幸免。

做一名称职的“蜜蜂之友”

对于蜜蜂来说，绝处逢生的希望是很大的，因为你和所有人一样都可以改变这些小精灵的命运。上网查找一些环保组织的官方网站，加入禁用农药、保护蜜蜂的庞大志愿者队伍，用行动改善蜜蜂的生存环境。当然，千里之行始于足下，首先要根绝有害化学品的使用，与蜜蜂共享自家的花园和阳台。

- 动员父母弃用所有含新烟碱成分的杀虫剂。
- 尝试在花园里种植冬、春两季开花的植物，帮助蜜蜂度过食物最缺乏的季节。如果你不了解本地植物开花结果的规律，上网查找和学习相关知识。
- 用大波斯菊、薰衣草、报春花等蜜蜂最喜欢的花草装点你家的花园。
- 墨角兰、细香葱、迷迭香等都是对蜜蜂的生活大有益处的花草，类似的植物还有草莓、覆盆子等。
- 蜜蜂日常生活消耗中的水量较大，定期用盆、碗等容器盛一些清水放到户外。切记蜜蜂不会游泳，水中须放大片的树叶、石块等供其站立汲水。

蜜蜂需要采花400万次以上，才能酿造出1千克蜂蜜。

户外小天地

其实帮助在你身边周旋的蜜蜂之类小动物只是举手之劳，问题只在你肯不肯去行动。下面提供一些具体的方案，让你在不需要付出巨大代价的情况下，将你家的花园、你们学校的后院等瞬间转换为野生动物乐园。

朽木不可雕也，但堆放到一起能派上大用场：蛆虫最喜欢在这样的场所繁衍生息。而肉嘟嘟的虫子，又是小鸟、青蛙最好的营养美餐。

破旧的大盆小碗装满水，就成了青蛙的池塘、鸟类的清泉、昆虫的湖泊。在这些容器的底部铺上一层细沙，再放置几块略高于水面的石块，方便小动物进出和歇脚。最好再种植几株水草，既能清洁水体，又能点缀风景。

从专业养蜂人、公园蜜蜂放养管理人员等处买一个现成的蜂巢，或者上网查询手工制作方法亲手打造一个，“地球之友”等网站都有免费教程。将蜂巢安放到离地至少1米且阳光充足的位置，蜜蜂发现后会自动产卵并用泥巴、碎草等封闭巢口。

在你家花园里留一两块从不修剪的“蛮荒之地”，播撒花草后任其疯长，不仅给你家增添些许野趣，还能给蜜蜂、蝴蝶、小虫子甚至小青蛙提供几处摄食与活动天堂。

深秋时节扫一堆树叶，用落枝盖好直待来年的春天。严冬时节，这就是小虫甚至有冬眠习惯的动物最温暖舒适的庇护所。

精选美食

饲喂是保护野生动物的最得力措施。生物圈因地而异，投食前要先做一番调查研究：你们当地野外生存的动物有哪些种类?食物偏好又是什么?在这些问题上做足了功课，你才能开展饲喂活动。

饲喂野生动物小贴士

饲喂野生动物时应遵循下述操作规程：

- 饲喂小鸟的食盆必须放置到远离玻璃门窗的地方，以免小鸟扑食时撞上玻璃。
- 不要给小鸟投喂腐败变质的食物，以及添加各种调料后煎炒的豆子、花生等。宠物商店一般有现成的食料，不确定的情况下还可以直接投放原生状态的植物籽实。
- 如果你家的花园里有果树，尽可将树下的落果留在原地。干瘪甚至腐烂的水果，是野生动物喜欢的营养美食。
- 如果你家的花园里有小水塘或者家人专门放置的水槽，尽可能保持水体清洁。冬天，别忘了及时清除水面的冰块。

饲喂蝴蝶

蝴蝶以花露为食，也喜欢甜甜的果酱。在浅盘中倒一点糖水，蝴蝶就会过来饱餐一顿。请大人盛适量雨水（不含杂质）并替你加热到沸腾，然后放入几勺白砂糖搅拌均匀，完全放冷后即可使用。

用托盘之类容器盛装熟透的水果放到僻静处，让蝴蝶也享受一次果汁的盛宴。

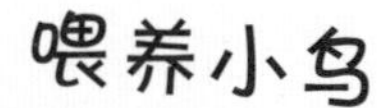

喂养小鸟

宠物店出售的鸟食一般是用油脂、种子、干果碎屑压制而成的，营养丰富。冬天能量消耗加大的情况下，这类成品鸟食适用性更高。如果你在保护野生动物这件事上更喜欢亲历亲为，那么可按以下的步骤操作，一展你“鸟食大师”的才艺！

取一块猪油放置在室温环境下，等软化到一定程度后切成碎片，再与草籽（谷种）、花生渣、葡萄干等混拌均匀直到粘结成整体，放入冰箱冷冻。大约1个小时后，酥脆的“小鸟大餐”就完成啦！当然，你还可以将自己的鸟食制作成花样翻新的“点心”。

1. 团成“丸子”，放入小鸟的圆形饲料杯非常合适，方便啄食。

2. 在用过的酸奶瓶两端打孔并穿入一根细绳，绳的一端打结确保不会被拉出小孔。瓶内装满完全硬化的鸟食悬挂到大树枝头，过不了多久你就会发现小鸟们来聚餐啦！

3. 取半个核桃壳（切规整的半个橘子皮也可以）打孔穿绳，塞满鸟食后悬挂到户外。核桃壳非常坚硬，为防打孔过程中对自己的身体造成伤害，这一道工序尽量请大人代劳。

大功告成

从现在起，你已经是一名合格的地球小卫士了

但是你面临的挑战，此刻还未结束。通过阅读本书，你树立了牢固的环保观念，也学到了一些保卫作为生命摇篮、宇宙奇迹而存在的地球所需要的基本知识和技能。把你的观点讲给大家听，让你的朋友、邻居、同学、家人也加入到你的阵营中来，都成为理智、热诚的地球卫士。只要我们大家同心协力，那么现状是可以改变的，未来也是无限美好的。

如果本书对你有所启发，那么你可能会对 ClientEarth 这个公益组织产生了浓厚的兴趣。请阅读以下内容，你也可以通过登录该组织的官方网站进一步拓宽认识、加深理解。

来自 ClientEarth 的一封信

ClientEarth 是运用法律武器捍卫地球生态安全、保护散布在世界各个角落的每一个人应该享有的生存权、发展权的国际公益组织。我们的成员是对全球气候变暖将导致的严重后果有清醒认识并决心奋起一搏的律师和环境科学专家。我们保卫森林，我们保卫海洋，我们保卫野生动物。我们孜孜以求的，还包括向环境污染宣战，保卫我们每个人的健康。

今天，我们的蓝色星球危难重重。我们必须行动起来，为下一代，乃至未来的人类留下蓝天白云、青山绿水。我们相信法律的力量，相信我们的努力不会化为泡影。政界、环保界的领军人物都跟我们在一起——他们不断地给我们环保资金，强力支持我们一步一个脚印地走下去。

从购买这本书的那一刻起，你已经给了我们巨大的支持。但是我们的工作任重道远，我们始终需要你的帮助，希望你能继续积极参与我们共同的公益事业。

地球小卫士，现在你已经知道了很多关于环保的知识和方法，到了付诸行动的时候了！

你可以在这里记录下你作为地球小卫士的感想和点滴行动，并与他人分享。

相信在你的感召下，一定会有更多人加入你的队伍，有更多的人成为地球卫士！